湖北省主要林业有害生物

防治图册

主　编　周席华
副主编　冯春莲
编　委　（按姓氏笔画排序）

万召进　王少明　王建敏　毛庆山　毛惠平
甘方艳　卢宗荣　朱筱婧　伍兰芳　刘全芳
阮建军　李金鞠　杨歆雪　张建华　陈　英
陈　亮　罗治建　赵　青　赵　勇　胡华国
钟学斌　徐正红　殷　涛　涂惠芸　黄　旭
黄贤斌　龚天奎　梁国章　彭泽洪　喻卫国
程维金　戴　丽

華中科技大學出版社
http://www.hustp.com
中国·武汉

图书在版编目(CIP)数据

湖北省主要林业有害生物防治图册/周席华主编. —武汉：华中科技大学出版社，2021.5
ISBN 978-7-5680-6853-6

Ⅰ.①湖… Ⅱ.①周… Ⅲ.①森林害虫-病虫害防治-湖北-图册 Ⅳ.①S763.3-64

中国版本图书馆 CIP 数据核字(2021)第 068410 号

湖北省主要林业有害生物防治图册 周席华 主编

Hubei Sheng Zhuyao Linye Youhai Shengwu Fangzhi Tuce

策划编辑：江 畅
责任编辑：史永霞
封面设计：孢 子
责任监印：朱 玢
出版发行：华中科技大学出版社(中国·武汉) 电话：(027)81321913
武汉市东湖新技术开发区华工科技园 邮编：430223
印 刷：武汉科源印刷设计有限公司
开 本：880 mm×1230 mm 1/16
印 张：15.5
字 数：440 千字
版 次：2021 年 5 月第 1 版第 1 次印刷
定 价：259.00 元

本书若有印装质量问题，请向出版社营销中心调换
全国免费服务热线：400-6679-118 竭诚为您服务

序

林业有害生物引发的生物灾害是一类重要的自然灾害，有“不冒烟的森林火灾”之称。近些年来，湖北省林业有害生物有1981种，年发生面积600万亩左右，林业有害生物对生态安全和森林资源构成了严重威胁。各级党委、政府高度重视防控工作，取得了较好防治成效，避免了巨大的经济损失和生态服务功能损失。党的十八大以来，习近平总书记高度重视生态文明建设，强调生态文明建设是关系中华民族永续发展的根本大计，生态环境是关系党的使命宗旨的重大政治问题，也是关系民生的重要社会问题，指出绿水青山就是金山银山。林业有害生物防治是化解重大生态风险、巩固生态文明建设的一项重要举措，不仅是一项重要的生态工程，更是一项带动生态文明和全面小康社会建设的重要政治任务。林业有害生物防控工作任重道远。

湖北省林业有害生物种类繁多、分布广泛。在20世纪80年代初期和2003—2007年，湖北省曾开展了两次全省范围的林业有害生物普查工作，基本查清了湖北省林业有害生物的种类和分布。但随着湖北省林业建设布局和森林资源结构的变化，以及全球经济一体化和贸易、旅游业的蓬勃发展，全球气候的变化等，湖北省林业有害生物发生情况和发生特点也随之产生了明显变化。本土林业有害生物种类增多，松毛虫、杨树食叶害虫等常发性种类发生面积居高不下；外来有害物种入侵风险加大，松材线虫病、美国白蛾严重威胁着湖北省的生态安全。为此，近几年，湖北省组织开展了第三次林业有害生物普查工作，以便准确掌握全省林业有害生物发生状况，为进一步制定新时期林业建设规划、维护林业建设成果奠定坚实基础。

《湖北省主要林业有害生物防治图册》是第三次普查成果之一，它凝聚了湖北省近千名林防人的智慧和心血。编者们将全省采集的10目136科869种2900多张昆虫、370余张病害生态照片，进行多次鉴定和整理，筛选出了143种全省主要林业有害生物的形态图、危害图，并配以文字介绍，形成了本书。这是一部保护林业植物、综合治理林业有害生物的实用性很强的工具书，对林业保护工作者、科技人员以及林业院校师生，均有很好的参考及应用价值。

本书有以下几个特点：

一是科学性强。每种有害生物都有多种形态的彩色生态照片，能客观真实地反映危害症状。有些危害症状出现时间很短，很少见，能拍到这些照片很难得，这些照片具有较高的研究和使用价值。

二是实用性强。收录的林业有害生物几乎都简明阐述其分类地位、危害情况和防治措施，图文并茂，通俗易懂，实用性强。

三是创新性强。本书记述了一些新发现的、危害严重的林业有害生物，提出了绿色综合治理的新观点，这对于减少环境污染、提高防治水平、实施可持续发展战略具有很重要的意义，在生产上、学术上有重要价值。

我深为本书的出版而高兴，相信本书的出版一定会受到广大林农和科技工作者的欢迎，能够在湖北省林业有害生物的防控工作中起到应有的作用。

编　者

2021年5月

前言

2014—2017年，湖北省组织开展了第三次全省林业有害生物普查，积累了大量的林业有害生物生态照片和发生防治资料。为了总结普查成果，并为今后林业有害生物防治生产、科研、教学提供借鉴参考，湖北省林业有害生物防治检疫总站组织编写了这本《湖北省主要林业有害生物防治图册》。

本书精选了在湖北省造成危害的108种虫害、35种病害的生态照片，既展示了其形态特征，又显现了其危害特点，并配以分类地位、危害综述、防治措施等文字描述，让读者对照图片就可以辨识常见的林业有害生物，并掌握其防治措施。

本书照片大多由湖北省各地林防工作者提供，已对照片予以署名，少数未署名照片引自相关资料。丁强教授级高级工程师、江建国教授为本书出版付出了大量心血，在此一并表示感谢。

由于编者水平有限，书中难免存在疏漏、错误之处，敬请读者批评指正。

目录

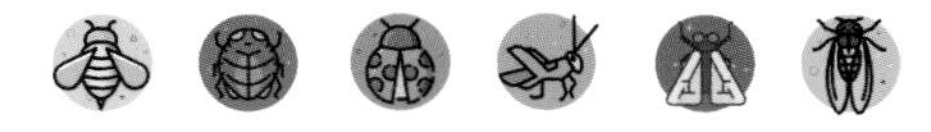

Ⅰ 食叶害虫及防治

Ⅰ-1 松、杉、柏类食叶害虫

1. 马尾松毛虫

Dendrolimus punctata Walker

◎ 分类地位：

鳞翅目 Lepidoptera 枯叶蛾科 Lasiocampidae。

◎ 危害综述：

全省分布，危害马尾松，偶危害湿地松、火炬松、雪松，呈初始—增殖—猖獗—消退的周期性危害，能将松针取食殆尽，严重影响松树生长，甚至会造成树木死亡。无食可取的幼虫迁向农田、村庄，人接触幼虫毒毛会引发“松毛虫病”。1 年 2 代，有时 3 代，以幼虫在针叶丛或树皮下越冬，翌年 3 月出蛰，5 月越冬代成虫羽化。7 月第 1 代成虫出现，8 月第 2 代幼虫出现，3～4 龄滞育越冬。有第 3 代的年份，第 1 代成虫期提前、历期缩短、高峰集中，第 2 代成虫 9 月出现，幼虫 11 月越冬。鄂西北较鄂东出蛰、成虫期晚 10～15 天。

◎ 形态图：

▲成虫-高嵩　摄

▲卵块-陈亮　摄

▲3 龄幼虫-丁强　摄

▲老熟幼虫-丁强　摄

▲茧-杨毅　摄

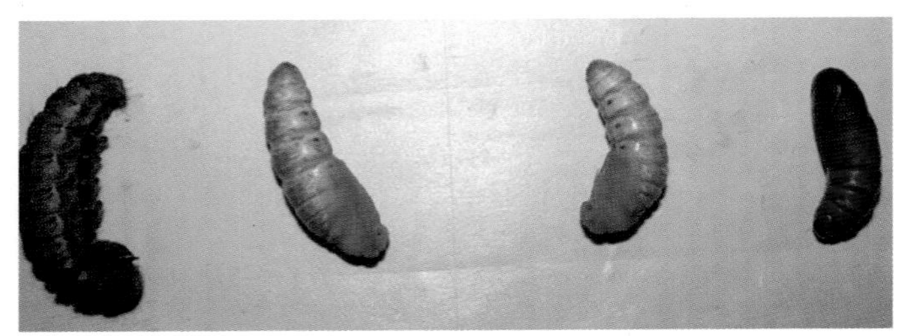

▲预蛹、蛹-丁强　摄

◎ 危害图：

▲马尾松受害状-高嵩　摄

▲湿地松受害状-鄢超龙　摄

▲马尾松林地受害状-高嵩　摄

▲马尾松林地受害状-陈亮　摄

◎ 防治措施：

（1）生物防治。卵期释放带病毒赤眼蜂，湿度适宜时喷洒白僵菌，4 龄前使用 Bt 制剂。

（2）物理防治。羽化期采用灯光诱杀成虫。

（3）化学防治。2～3 龄幼虫期，采用灭幼脲、苯氧威、甲维盐、烟碱·苦参碱等药剂喷雾或喷烟。

2. 思茅松毛虫

Dendrolimus kikuchii Matsumura

◎ 分类地位：

鳞翅目 Lepidoptera 枯叶蛾科 Lasiocampidae。

◎ 危害综述：

黄石、宜昌、黄冈、咸宁和恩施等地有分布。危害马尾松、黄山松、华山松、雪松等。该虫与马尾松毛虫重叠危害，猖獗危害时能将成片松林针叶取食殆尽，严重影响松树生长，甚至会造成树木死亡。1 年 2 代，以幼虫越冬。翌年 5 月上旬越冬幼虫化蛹，5 月下旬羽化，6 月中旬出现第 1 代幼虫，7 月中旬化蛹，8 月中旬羽化，9 月出现第 2 代幼虫，至 11 月开始越冬。

◎ 形态图：

▲成虫-丁强　摄

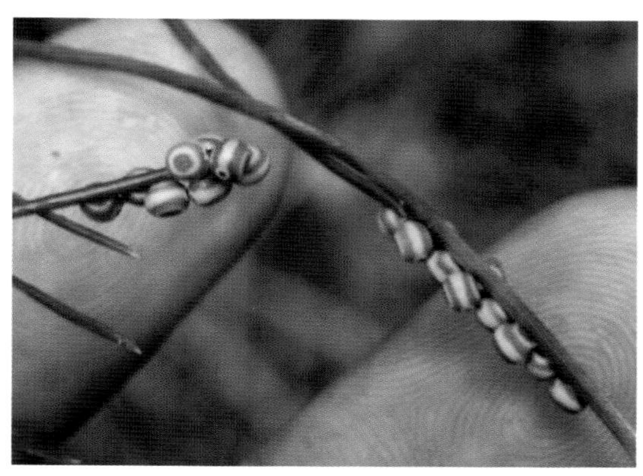

▲卵-甄爱国　摄

▲低龄幼虫-丁强　摄

▲老熟幼虫-丁强　摄

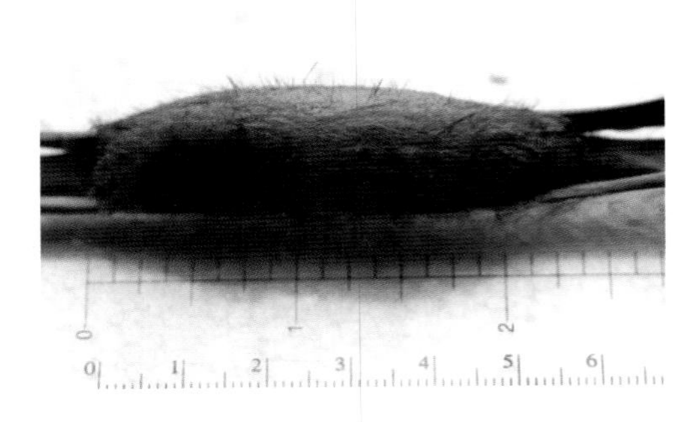

▲茧-丁强 摄

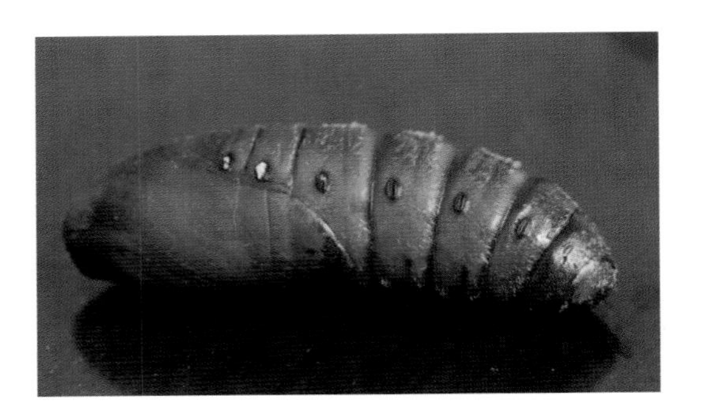

▲蛹-龚天奎 摄

◎ 危害图：

同马尾松毛虫(略)。

◎ 防治措施：

同马尾松毛虫(略)。

3. 云南松毛虫

Dendrolimus grisea Moore

◎ 分类地位：

鳞翅目 Lepidoptera 枯叶蛾科 Lasiocampidae。

◎ 危害综述：

十堰、宜昌、襄阳和恩施等地有分布。主要危害马尾松、雪松、圆柏、侧柏、柏木、柳杉等，影响树木生长。老熟幼虫下树寻找化蛹场所时会进入农田、农舍、水源地，严重妨碍人们的生产、生活。1 年 1 代，以卵在针叶丛或树皮缝隙中越冬。翌年 4 月中旬为孵化盛期，5 月上旬结束，幼虫危害至 7 月下旬结茧化蛹，9 月上旬羽化成虫，9 月下旬为羽化产卵盛期，10 月中旬结束。在鄂西南翌年 4 月孵化后取食柏树叶，虫口密度大时能将针叶食尽，纯林受害重于混交林、林缘重于林内、阳坡重于阴坡、山下重于山上。

◎ 形态图：

▲成虫-余红波 摄

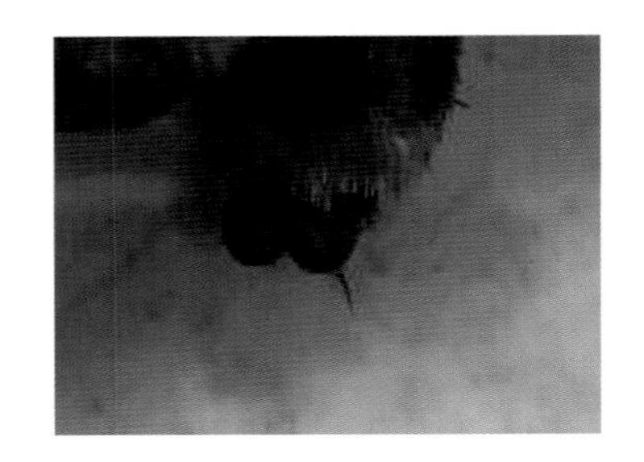

▲卵粒-梁国章 摄

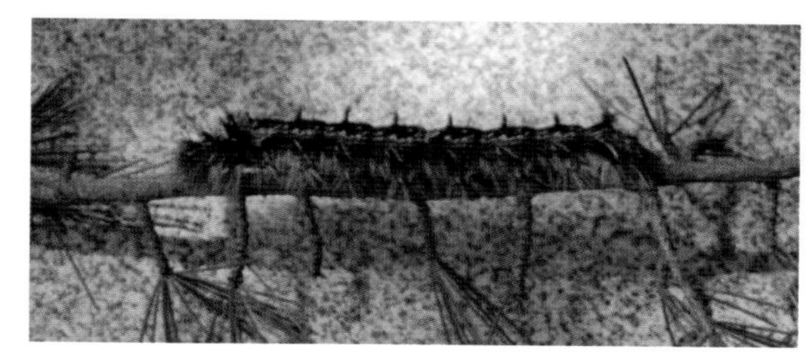

▲幼虫-朱清松　摄

▲老熟幼虫-肖德林　摄

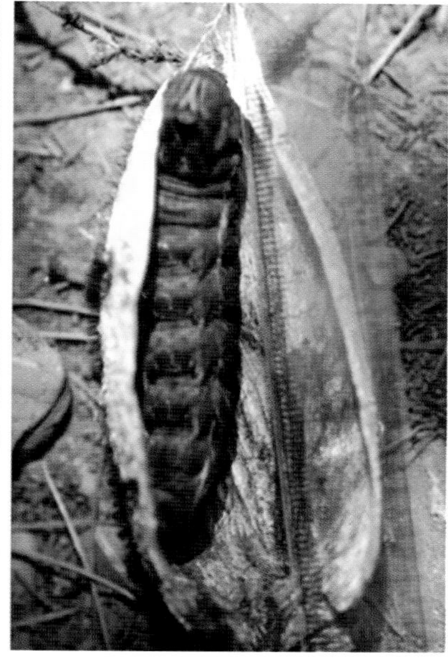

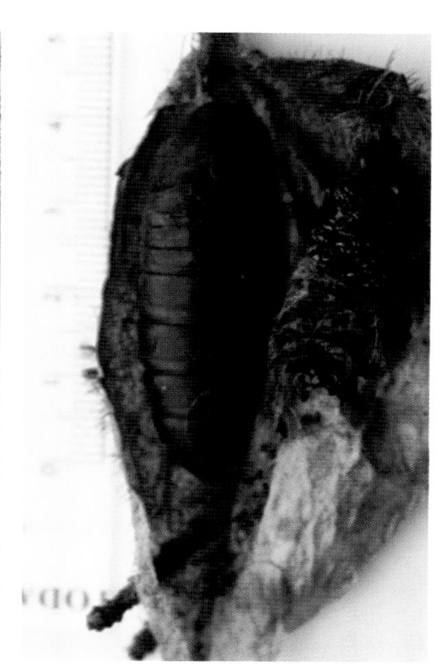

▲茧、预蛹、蛹-丁强　摄

◎ 危害图：

▲雪松受害状-肖艳华　摄

▲柏木受害状-梁国章　摄

◎ 防治措施：

利用云南松毛虫从结茧到羽化时间长的习性，人工清茧灭蛹。其他防治措施同马尾松毛虫。

4. 松茸毒蛾

Calliteara axutha Collenette

◎ 分类地位：

鳞翅目 Lepidoptera 毒蛾科 Lymantriidae。

◎ 危害综述：

十堰、宜昌、荆门、孝感、黄冈、咸宁、武汉和恩施等地有分布。危害马尾松、黄山松、湿地松、火炬松等，多与马尾松毛虫重叠危害，有成灾记录。松茸毒蛾大龄幼虫取食针叶时多咬断针叶前端，地面可见断叶尖，针叶受害痕迹与松毛虫类危害有所不同。1 年 2 代，以蛹在树干下部皮缝或草丛、石缝越冬。翌年 4 月下旬为孵化盛期，5 月上旬出现第 1 代幼虫，7 月下旬出现第 2 代幼虫。

◎ 形态图：

▲成虫-严敖金 摄

▲老熟幼虫-丁强 摄

▲越冬蛹-黄大勇 摄

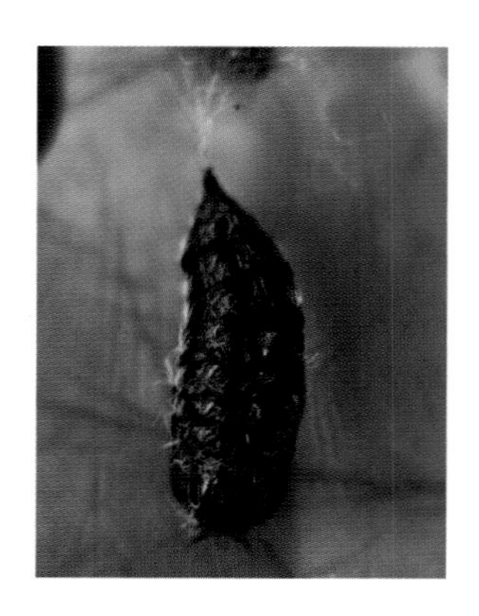

▲蛹-余小军 摄

▲蛹-汤均友 摄

◎ 危害图：

▲危害马尾松-丁强 摄

◎ 防治措施：

同马尾松毛虫防治措施。

5. 松尺蛾

Ectropis bistortata Goeze

◎ 分类地位：

鳞翅目 Lepidoptera 尺蛾科 Geometridae。

◎ 危害综述：

十堰、孝感、黄冈等地有分布。以幼虫危害松树针叶，与马尾松毛虫、思茅松毛虫、松茸毒蛾等食叶害虫重叠危害。1年1代，以幼虫越冬，成虫羽化后饮水或吸食花蜜。幼虫可吐丝下垂，在食物短缺时取食杉木、蕨类，老熟幼虫在枯枝落叶层或表土层化蛹。

◎ 形态图：

▲低龄幼虫-丁强 摄

◎ 危害图：

▲危害状-丁强　摄

◎ 防治措施：

同马尾松毛虫防治措施。

6. 落叶松红腹叶蜂

Pristiphora erichsonii Hartig

◎ 分类地位：

膜翅目 Hymenoptera 叶蜂科 Tenthredinidae。

◎ 危害综述：

恩施、宜昌等地有分布。幼虫取食日本落叶松针叶，大发生时可将成片松林针叶食光，对幼林危害大，使新梢弯曲、枝条枯死、树冠变形，难以郁闭成林。1 年 1～2 代，在 5—6 月、9 月分别出现 2 次危害高峰。老熟幼虫在落叶层下结茧以预蛹滞育越夏、越冬，翌春 4 月化蛹、成虫羽化，雌成虫营孤雌生殖，卵呈纵列集产于落叶松当年生嫩枝一侧的表皮下，产卵部位由于组织受损而枯干，使新梢侧向弯卷或枯死，持续高温干旱可导致虫口数量明显下降。

◎ 形态图：

▲成虫-龚天奎　摄

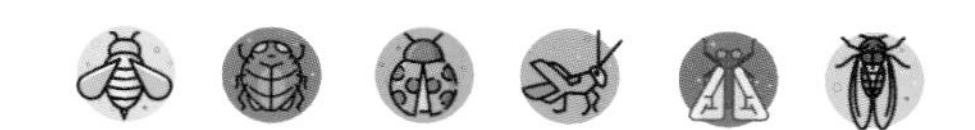

▲低龄幼虫-龚天奎　摄

▲老熟幼虫-俞学武　摄

▲茧、蛹-龚天奎　摄

◎ 危害图：

▲幼虫取食日本落叶松针叶-龚天奎　摄

▲老熟幼虫啃食日本落叶松树皮-俞学武　摄

▲日本落叶松林地落叶层结茧-龚天奎　摄

◎ 防治措施：

（1）生物防治。2 龄期幼虫洒 Bt 制剂，老熟幼虫下树结茧时喷施白僵菌粉剂使其带菌化蛹。

（2）化学防治。2～3 龄期幼虫用灭幼脲喷雾，高大密林采用溴氰菊酯、苦·烟等烟剂防治。

7. 水杉色卷蛾

Choristoneura metasequoiacola Liu

◎ 分类地位：

鳞翅目 Lepidoptera 卷蛾科 Tortricidae。

◎ 危害综述：

恩施有分布。幼虫取食水杉叶片，危害严重时可将大树、幼林叶片食光，影响母树秋季花芽分化，导致次年无种实，影响幼树生长量。1 年 1 代，幼虫 5 龄。以滞育幼虫越夏、越冬，翌年 4 月出蛰恢复活动，幼虫吐丝缀叶把身体包卷在内取食，低龄幼虫将嫩叶吃成孔洞、缺刻，4 龄后能将小枝上的羽叶食尽，并做枝间转移，老熟幼虫在树上卷叶化蛹，被害严重的林地有少数幼虫吐丝下垂到地面杂草上卷叶化蛹，5 月化蛹、羽化、产卵，卵在叶背数粒堆叠。6 月孵化幼虫即在树干、枝椏上找疏松粗皮处钻入皮下，再咬坑吐丝包被虫体进入滞育。

◎ 形态图：

▲成虫-俞学武　摄

▲低、中龄幼虫-俞学武　摄

▲老熟幼虫-俞学武　摄

▲吐丝缀叶化蛹、蛹-俞学武　摄

◎ 危害图：

▲幼虫取食水杉叶片-俞学武　摄

◎ 防治措施：

(1)生物防治。4 月初水杉展叶期喷施白僵菌粉剂。

(2)化学防治。幼虫期喷洒灭幼脲、吡虫啉、杀灭菊酯，郁闭度大的林地采用苦·烟等喷烟，高大母树可采用无人机施药。

8. 杉梢小卷蛾(杉梢花翅小卷蛾)

Lobesia cunninghamiacola Liu et Bai

◎ 分类地位:

鳞翅目 Lepidoptera 卷蛾科 Tortricidae。

◎ 危害综述:

全省分布,幼虫蛀食杉木嫩梢顶芽,被害梢枯黄、火红色,受害杉树出现多头、无头或偏冠等现象,高生长明显下降,干形扭曲,影响树木生长和材质。1 年 2～3 代,以蛹在枯梢端部越冬,翌年 3 月下旬至 4 月上旬羽化。4 月中旬至 5 月上旬第 1 代幼虫危害,5 月下旬至 6 月下旬第 2 代幼虫危害。部分幼虫有滞育现象,出现世代分化。3～4 龄幼虫有转移习性,爬行或吐丝下垂随风转移 2～3 次。

◎ 形态图:

▲幼虫-丁强 摄

▲蛹-丁强 摄

◎ 危害图:

▲受害状-周勇 摄

▲受害状-曾令红 摄

◎ 防治措施：

（1）营林措施。营造混交林，减轻危害。

（2）物理防治。冬季剪除被害梢，注意保护、利用虫梢内天敌；生长期及时剪除虫害枝梢；羽化期采用黑光灯诱杀成虫。

（3）生物防治。卵期释放松毛虫赤眼蜂。

（4）化学防治。幼虫期采用溴氰菊酯、吡虫啉、噻虫嗪、氰虫腈、丁醚脲等药剂喷雾。

9. 侧柏毒蛾（柏毛虫）

Parocneria furva Leech

◎ 分类地位：

鳞翅目 Lepidoptera 毒蛾科 Lymantriidae。

◎ 危害综述：

十堰、宜昌、襄阳和恩施等地有分布。危害柏类，越冬代幼虫取食刚萌发的嫩叶、新梢韧皮，造成受害鳞叶枯萎变黄并逐步脱落，郁闭度大的林地受害重于疏林和幼林。幼虫白天躲藏，夜间上树危害。1 年 2 代，以初孵幼虫在卵内越冬，翌年 3 月幼虫出蛰，老熟后在叶片间、树皮下或洞缝内吐丝结薄茧化蛹，6 月成虫羽化。卵产于鳞叶片、枝条上，第 1 代幼虫于 8 月中下旬化蛹、出现成虫。9 月上中旬出现第 2 代卵，卵多于枝条、树皮缝内越冬。

◎ 形态图：

▲成虫-余红波　摄

▲幼虫-余红波　摄

▲老熟幼虫-余红波　摄

▲蛹-余红波　摄

◎ 危害图：

▲危害侧柏-余红波　摄

◎ 防治措施：

（1）营林措施。改造柏树纯林为混交林，适时间伐、修枝。

（2）物理防治。成虫期采用灯光诱蛾灭杀成虫。

（3）生物防治。在虫情上升初期，根据气温、湿度情况用白僵菌、Bt制剂抑制种群增殖。

（4）化学防治。低龄幼虫采用1.2%苦·烟乳油、25%阿维·灭幼脲悬浮剂喷雾；虫口密度较大时，采用10%联苯菊酯乳油、20%氰戊菊酯喷雾；疏林大树基部周围撒施5%西维因可湿性粉剂灭杀上、下树幼虫。

Ⅰ-2 杨、柳树害虫

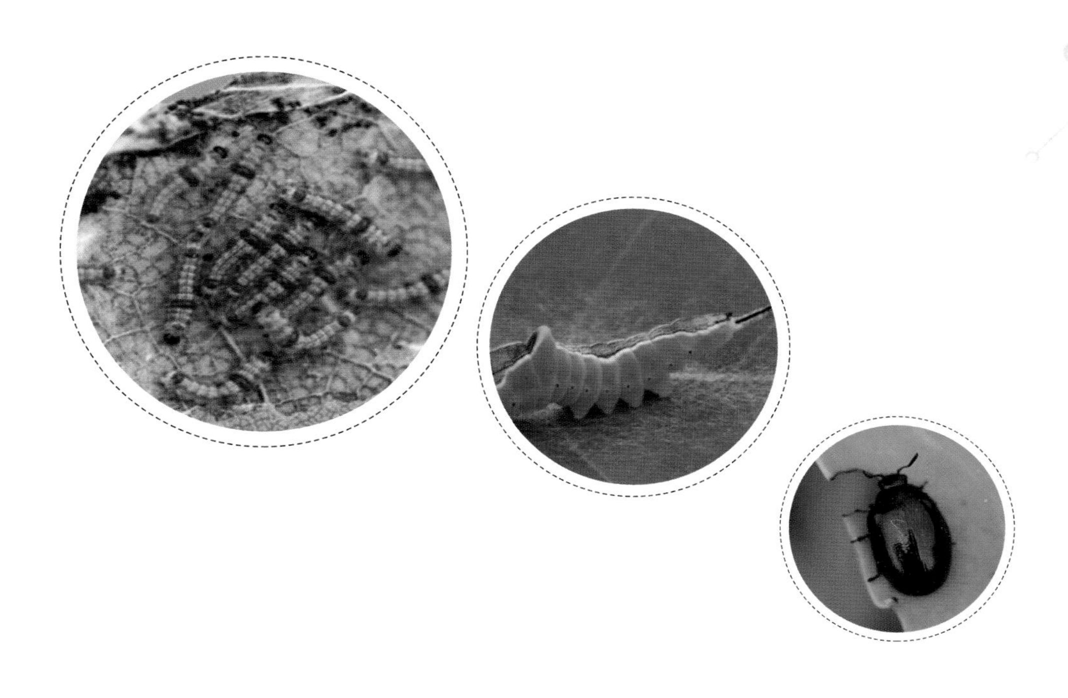

10. 杨扇舟蛾

Clostera anachoreta Fabricius

◎ 分类地位：

鳞翅目 Lepidoptera 舟蛾科 Notodontidae。

◎ 危害综述：

全省分布，危害杨、柳树等，秋季极易形成“无叶光杆”的灾情，既影响树木绿化功能，又影响木材生长量。1 年 4～5 代，以蛹越冬，翌年 4 月羽化。第 1 代卵多在枝干上，以后产于叶背面，初孵幼虫群栖、啃食叶下表皮，2 龄吐丝缀叶，3 龄分散危害，取食全叶仅剩叶柄，幼虫吐丝转移，共 5 龄，吐丝缀叶做茧化蛹，最后 1 代幼虫老熟后在枯叶层、树皮缝或入土 3～5 厘米做茧化蛹越冬。第 1 代较整齐，其他世代重叠。

◎ 形态图：

▲雌、雄成虫-丁强　摄

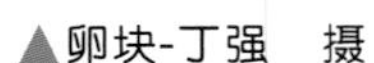
▲卵块-丁强　摄

▲初孵幼虫-丁强　摄

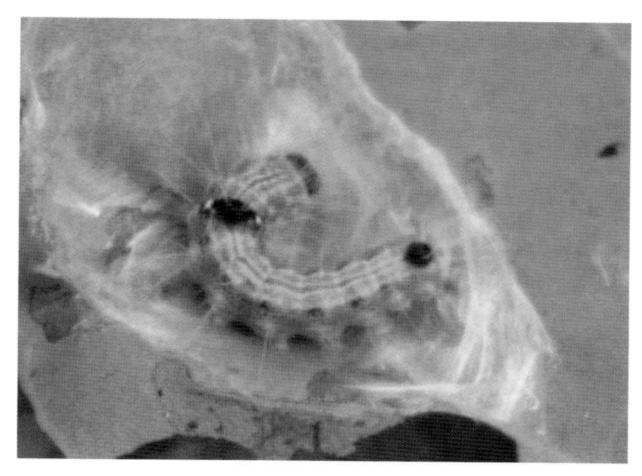

▲中龄幼虫-吕华　摄

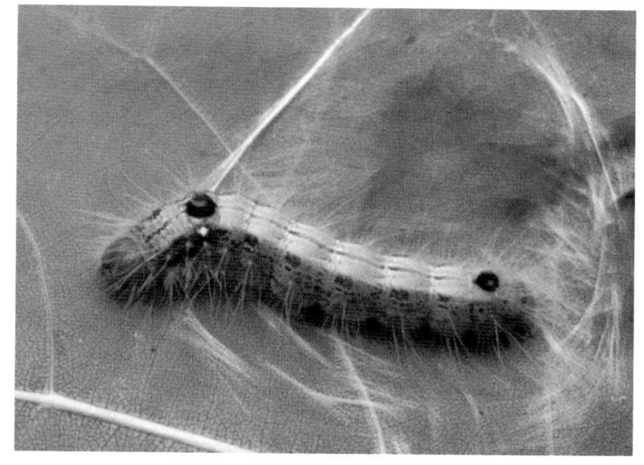

▲老熟幼虫-喻卫国　摄

▲预蛹-丁强　摄

▲蛹-丁强　摄

◎ 危害图：

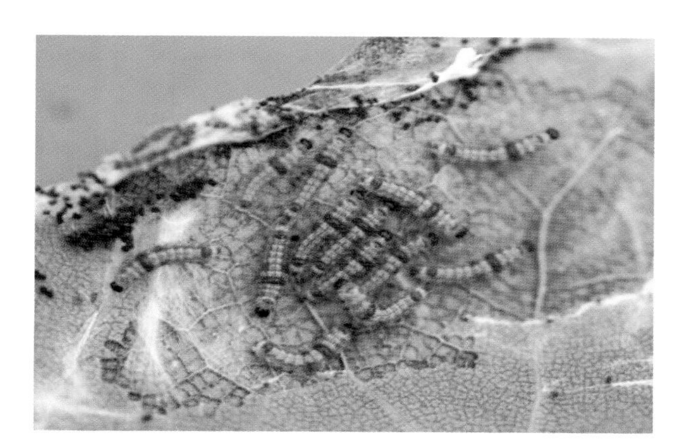

▲低龄幼虫取食叶肉-罗先祥　摄

▲老熟幼虫啃食树皮-肖艳华　摄

▲杨树片林受害状-陈亮 摄

◎ 防治措施：

（1）人工防治。摘除卵块叶片、初孵幼虫虫苞。

（2）物理防治。冬季翻耕灭蛹，羽化期灯诱杀虫。

（3）生物防治。卵期释放带病毒赤眼蜂，喷施白僵菌、Bt 制剂。

（4）化学防治。采用溴氰菊酯、阿维菌素、烟参碱乳油、灭幼脲等喷雾或喷粉，或溴氰菊酯、阿维菌素、烟参碱乳油等喷烟。

11. 杨小舟蛾

Micromelalopha troglodyta Graeser

◎ 分类地位：

鳞翅目 Lepidoptera 舟蛾科 Notodontidae。

◎ 危害综述：

全省分布，危害杨树，幼虫有群集性，多在 5—7 月份形成危害，常将叶片食光，影响树木绿化功效，妨碍树木生长量。1 年 5 代，以蛹在树洞、落叶层、土内越冬，翌年 3—4 月成虫羽化产卵，卵多产在枝干上，之后卵产于叶片上；初孵幼虫群集啃食叶表皮，稍大后分散危害，幼虫行动迟缓，夜晚取食，老熟幼虫吐丝缀叶化蛹。江汉平原第 1 代为 4—5 月中旬，第 2 代 5—6 月中旬，第 3 代 6—7 月中旬，第 4 代 7—8 月中旬，第 5 代 8—9 月中旬，10 月老熟幼虫化蛹进入越冬期，个别年份出现第 6 代。

◎ 形态图：

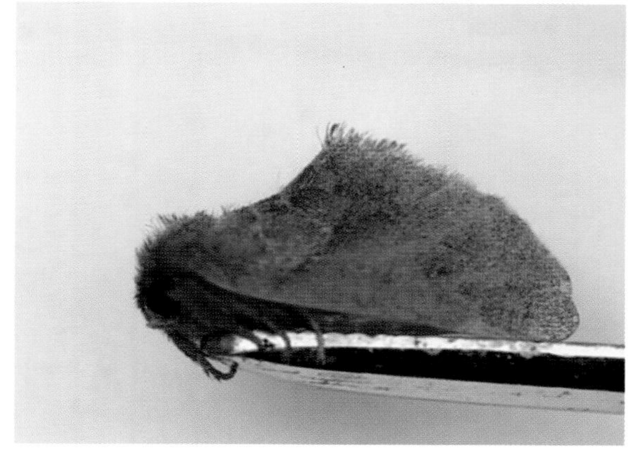

▲成虫-丁强　摄

▲成虫-罗智勇　摄

▲卵-汪成林　摄

▲各龄幼虫-丁强　摄

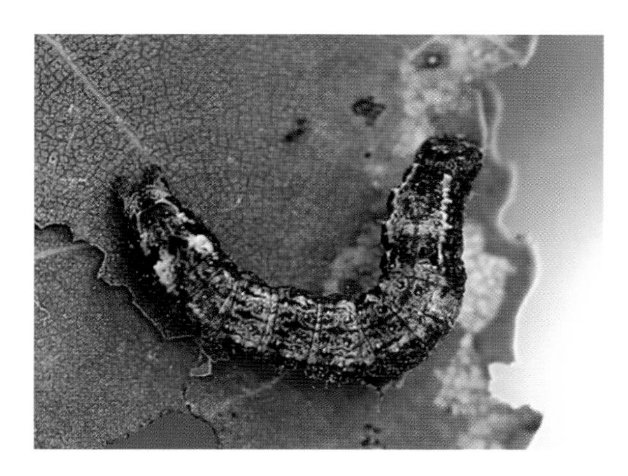

▲老熟幼虫-丁强　摄

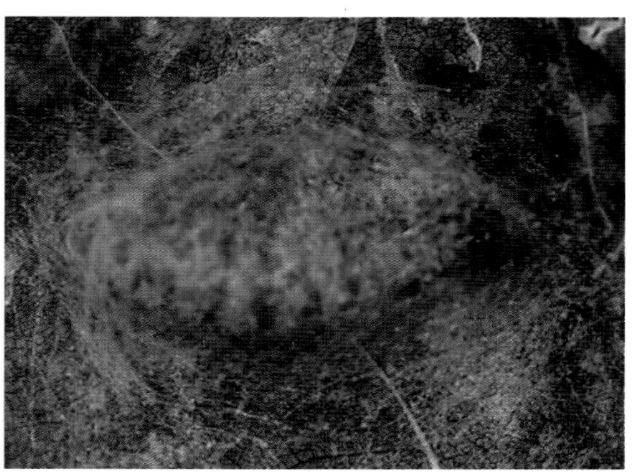

▲预蛹-丁强　摄

▲蛹-杜亮　摄

▲越冬蛹-丁强　摄

◎ 危害图：

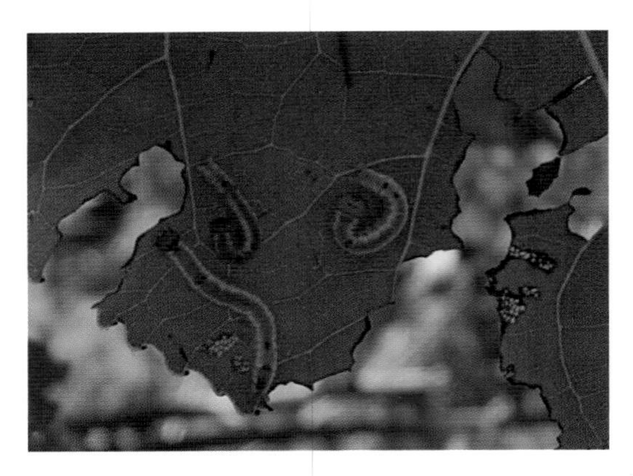

▲受害状-王菊香　摄

▲受害状-汪成林　摄

◎ 防治措施：

同杨扇舟蛾防治措施。

12. 仁扇舟蛾

Clostera restitura Walker

◎ 分类地位：

鳞翅目 Lepidoptera 舟蛾科 Notodontidae。

◎ 危害综述：

全省分布，危害杨属、柳属以及大风子科、杜英属植物。与杨树其他舟蛾、叶蜂、螟蛾、卷蛾等食叶害虫重叠发生，是危害杨树的食叶害虫之一。种群密度不及杨小舟蛾和杨扇舟蛾，但在局部林地可危害成灾。1年6～7代，4月下旬第1代幼虫孵化，初孵幼虫至3龄前集中取食，后分散危害，5—10月均有危害，10月份成虫产卵于枝干上越冬。

◎ 形态图：

▲成虫-江建国　摄

▲卵-江建国　摄

▲低龄幼虫-江建国　摄

▲老熟幼虫-江建国　摄

▲预蛹、寄生蜂-丁强　摄

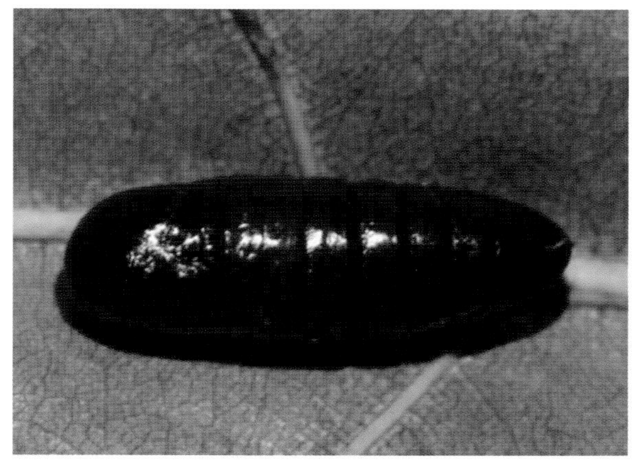

▲蛹-江建国　摄

◎ 危害图：

同杨扇舟蛾、杨小舟蛾，略。

◎ 防治措施：

同杨扇舟蛾防治措施。

13. 分月扇舟蛾

Clostera anastomosis Linnaeus

◎ 分类地位：

鳞翅目 Lepidoptera 舟蛾科 Notodontidae。

◎ 危害综述：

十堰、襄阳、宜昌、荆门、孝感等地有分布，危害杨、柳树，该虫与杨、柳树其他食叶害虫重叠发生，种群密度不及杨小舟蛾和杨扇舟蛾，但在局部林地可危害成灾。1 年 4～5 代，以卵在枝干上越冬，部分 3 龄幼虫在枯枝落叶、树皮缝中结茧越冬。越冬卵翌年 4 月上旬开始孵化，初孵幼虫群集叶背取食叶肉留表皮，不结苞，3 龄后分散危害取食全叶，5—6 月上旬第 1 代成虫羽化，交尾后当天产卵，卵聚产叶背呈堆块，每块 10～300 粒不等。

◎ 形态图：

▲雄成虫-徐正红 摄

▲成虫-肖德林 摄

▲低龄幼虫-杨毅 摄

▲老熟幼虫-丁强 摄

▲蛹、蛹壳-徐正红 摄

◎ 危害图：

▲危害状-罗智勇 摄

◎ 防治措施：

同杨扇舟蛾防治措施。

14. 杨二尾舟蛾

Cerura menciana Moore

◎ 分类地位：

鳞翅目 Lepidoptera 舟蛾科 Notodontidae。

◎ 危害综述：

全省分布，危害杨属、柳属，与杨小舟蛾、杨扇舟蛾、仁扇舟蛾、分月扇舟蛾、杨直角叶蜂重叠发生，种群密度不及杨小舟蛾和杨扇舟蛾，但在局部林地可危害成灾。1 年 2 代。老熟幼虫在树干基部、树枝分叉处，将树皮屑与分泌液结成坚实的茧室化蛹越冬，翌年 3 月下旬越冬蛹羽化，成虫产卵于枝干上，4 月第 1 代幼虫出现，6 月下旬羽化产卵。第 2 代卵产在枝干、叶上，幼虫 7 月出现，9 月老熟幼虫在树上做茧化蛹越冬。1 龄幼虫取食叶肉，2 龄后取食造成刻缺，3 龄以后食量增大，幼虫活泼，受惊时两个尾突翻出红色管状物摆动。

◎ 形态图：

▲雌、雄成虫-丁强　摄

▲卵-丁强　摄

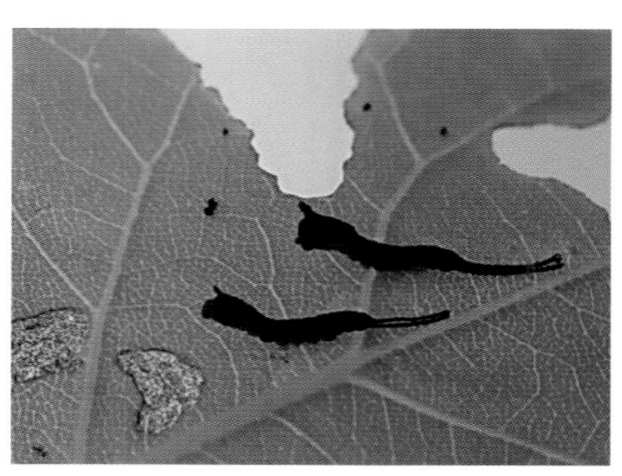

▲初孵幼虫-丁强　摄

▲中龄幼虫-丁强　摄

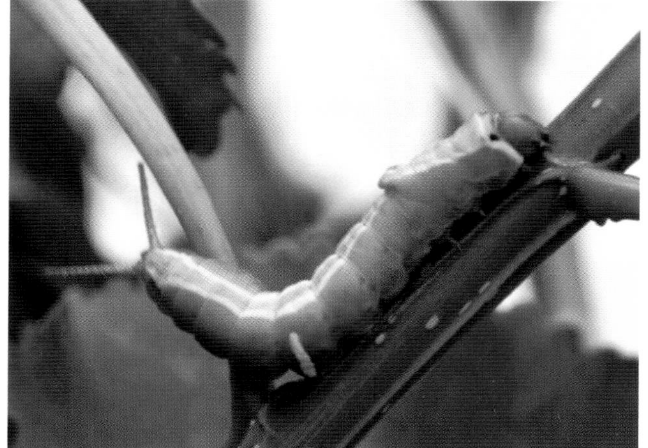

▲老熟幼虫-丁强　摄

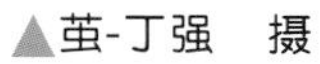

▲茧-丁强　摄

▲越冬茧壳(已羽化)-丁强　摄

▲蛹-丁强　摄

◎ 危害图：

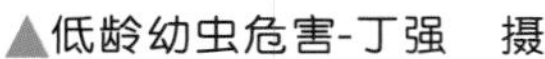

▲低龄幼虫危害-丁强 摄

▲幼虫危害-徐明山 摄

◎ 防治措施：

同杨扇舟蛾防治措施。

15. 杨雪毒蛾

Leucoma candida Staudinger

◎ 分类地位：

鳞翅目 Lepidoptera 毒蛾科 Lymantriidae。

◎ 危害综述：

全省大部均有分布，危害杨、柳等阔叶树。1 年 2 代，以低龄幼虫在树皮缝、枯枝落叶层或土块石缝下越冬。翌年 4 月中下旬出蛰上树取食，幼虫避光性强，白天下树隐蔽，傍晚后上树取食，老熟幼虫在树干周围杂草、石块下等有覆盖物处群集化蛹，6 月成虫羽化，在树干或叶片上产卵。7—8 月份为第 1 代危害期，9 月第 2 代低龄幼虫取食一段时间后下树越冬。

◎ 形态图：

▲雌、雄成虫-丁强 摄

▲卵-吴文科　摄

▲中龄幼虫-刘千稳　摄

▲老熟幼虫-江建国　摄

▲蛹-吴文科　摄

◎ 危害图：

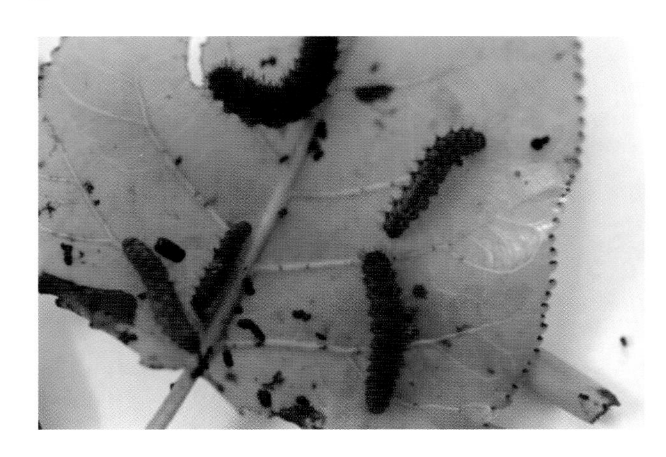

▲低龄幼虫危害杨树-罗先祥　摄

▲老熟幼虫危害杨树-罗先祥　摄

◎ 防治措施：

(1)人工防治。人工翻耕土壤挖蛹、捕杀下树幼虫。

(2)物理防治。羽化期黑光灯诱杀成虫，出蛰上树前树干基部涂粘虫胶做隔离环。

(3)生物防治。林地春季喷施白僵菌，行道树喷撒 Bt 制剂。

(4)化学防治。低龄幼虫期采用灭幼脲、甲维盐、氰戊菊酯等喷雾。

16. 杨白纹潜蛾

Leucoptera susinella Herrich-Schäffer

◎ 分类地位：

鳞翅目 Lepidoptera 潜蛾科 Lyonetiidae。

◎ 危害综述：

武汉、十堰、孝感、荆州等地有分布。幼虫潜叶危害欧美杨，叶片被潜食后变黑、焦枯，严重时满树枯叶，提前脱落，影响树木生长。1 年 3 代，以蛹在被害叶片或树皮缝中越冬。翌年 4 月中旬成虫羽化，有趋光性，卵一般产在叶面主脉或侧脉处，卵块 2～3 行。幼虫孵化从卵壳底部蛀入叶肉，幼虫不能穿过主脉，老熟幼虫可以穿过侧脉取食，虫斑内充满粪便，因而呈黑色，几个虫斑相连形成一个棕黑色坏死大斑，致使整个叶片焦枯脱落。幼虫老熟后从叶片正面咬孔而出，生长季节多在叶背吐丝结“H”形白色茧化蛹，越冬茧大多分布在叶正面、树皮缝等处。

◎ 形态图：

▲成虫

▲幼虫-丁强　摄

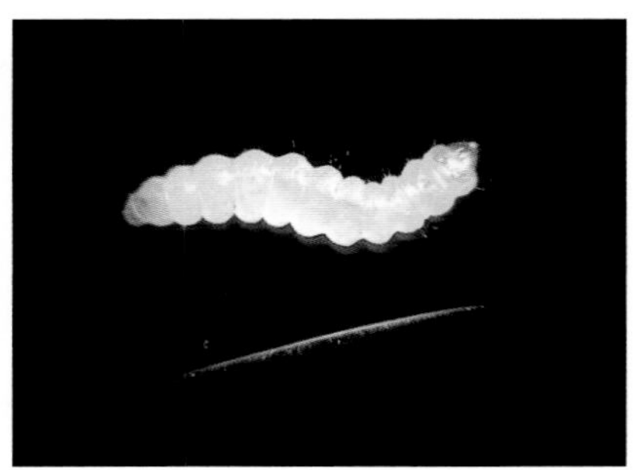

▲老熟幼虫-丁强　摄

◎ 危害图：

▲杨树叶受害初期-李传仁　摄

▲杨树叶受害状-丁强　摄

◎ 防治措施：

（1）人工防治。冬季清除落叶，集中烧毁；干基部涂白杀越冬蛹。

（2）物理防治。羽化期苗圃网捕成虫、林地黑光灯诱杀成虫。

（3）化学防治。卵期、幼虫孵化初期采用阿维＋丁醚脲、吡虫啉等喷雾。

17. 杨扁角叶蜂

Stauronematus compressicornis Fabricius

◎ 分类地位：

膜翅目 Hymenoptera 叶蜂科 Tenthredinidae。

◎ 危害综述：

全省分布，主要危害欧美黑杨，常与杨树其他食叶害虫重叠发生。1 年 7～8 代，老熟幼虫入土结茧越冬，翌年 3 月化蛹，4 月成虫羽化，5 月第 1 代成虫羽化，6 月份出现第 2、3 代成虫，7 月份出现第 4、5 代成虫，3～5 代有孤雌生殖现象；8 月出现第 6 代成虫，9 月出现第 7 代成虫。10 月老熟幼虫下树入土结茧。成虫将卵产于叶背面主脉两侧皮层下，1～2 龄幼虫群集取食，被害部呈针尖状小圆孔，2 龄以后食量大增，分散危害，常将大片叶肉吃光仅残留叶脉，呈不规则的孔洞，孔洞边有白色蜡丝。幼虫第 7、8 腹节稍向上隆起，末节向下弯曲，呈“S”形；老熟幼虫沿枝干爬行到地表化蛹。

◎ 形态图：

▲雌、雄成虫-丁强　摄

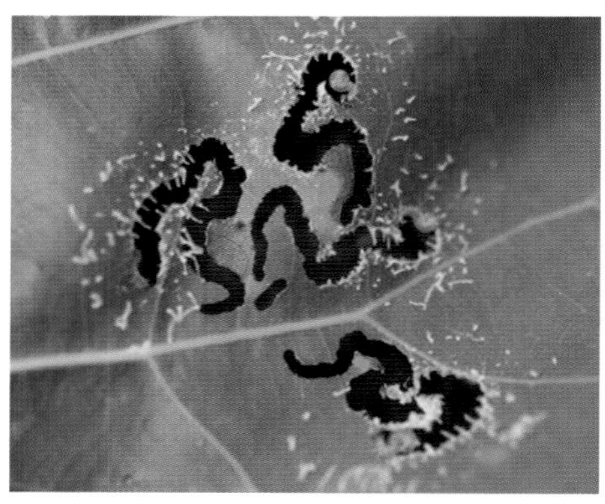

▲低龄幼虫-江建国　摄

▲老熟幼虫-丁强　摄

◎ 危害图：

▲幼虫聚集危害-邓学基　摄

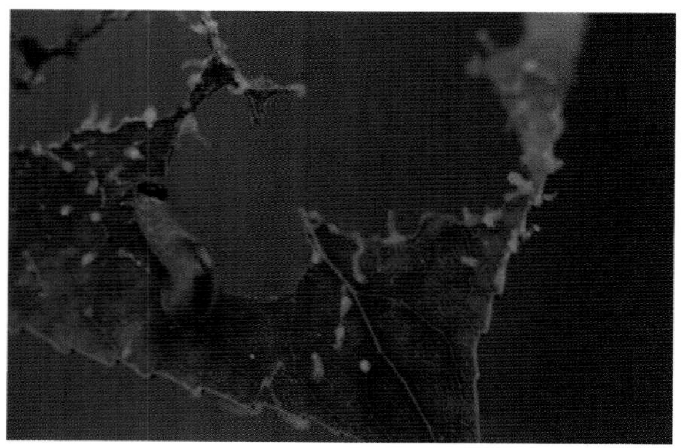

▲幼虫危害-汪成林　摄

◎ 防治措施：

(1)幼虫期喷洒菊酯类、阿维菌素、灭幼脲等药剂。

(2)成虫期，利用其取食花蜜习性，喷洒甲维盐、吡虫啉等药剂。

18. 杨蓝叶甲

Agelastica alni orientalis Baly

◎ 分类地位：

鞘翅目 Coleoptera 叶甲科 Chrysomelidae。

◎ 危害综述：

全省大部有分布，危害榆、杨、柳等。常与舟蛾等杨树食叶害虫混合发生，单独危害时能造成严重花叶。1 年 2 代，10 月成虫在林下枯枝落叶层、表土层越冬。4 月成虫出蛰后取食危害嫩梢幼芽，被害顶梢变黑、生长衰弱，甚至枯梢；成虫交尾后产卵在叶背，初孵幼虫取食卵壳，低龄幼虫沿叶脉取食叶肉，将叶片吃成网眼状，残留表皮和叶脉；成虫和老熟幼虫取食形成叶片刻缺。

◎ 形态图：

▲成虫-江建国　摄

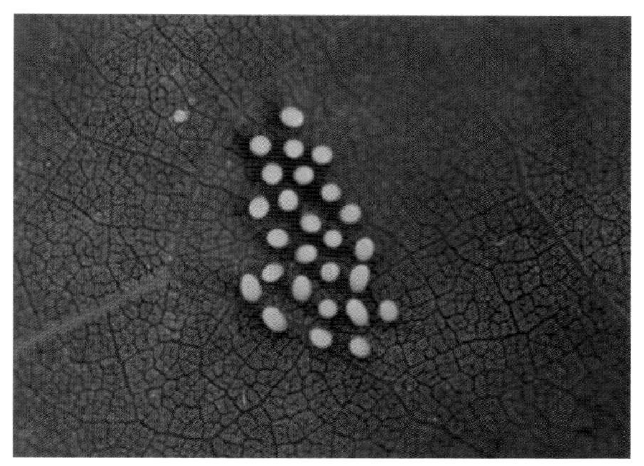

▲卵-江建国　摄

▲初孵幼虫-汪成林　摄

▲幼虫-江建国　摄

◎ 危害图：

▲幼虫危害-肖艳华 摄

▲成虫危害-江建国 摄

◎ 防治措施：

(1)人工防治：出蛰前清除林地枯枝落叶，消灭越冬成虫，夏季林地中耕除草，灭杀土中、草丛中越夏成虫。

(2)化学防治：4月越冬成虫出蛰高峰期、5—9月幼虫发生期，吡虫啉、苦·烟、甲维盐、高效氯氰菊酯、毒死蜱等药剂交替用药。

19. 柳蓝圆叶甲

Plagiodera versicolora distincta Baly

◎ 分类地位：

鞘翅目 Coleoptera 叶甲科 Chrysomelidae。

◎ 危害综述：

全省大部有分布，危害柳、杨等树种，幼虫、成虫从早春一直危害到晚秋。成虫有假死性、寿命长、产卵量大、世代多等特点。1 年 8 代，以成虫在土壤、落叶和杂草丛中越冬。翌年 4 月初柳树发芽时出蛰，危害芽、叶，并把卵产在叶上成堆排列，成虫产卵量约千粒。初孵幼虫群集危害，啃食叶肉，老熟幼虫在叶上化蛹。

◎ 形态图：

▲雌成虫-江建国　摄

▲成虫交尾-江建国　摄

▲初孵幼虫-江建国　摄

▲老熟幼虫-江建国　摄

◎ 危害图：

▲成虫危害新梢嫩叶-李传仁　摄

▲成虫危害叶片-卢宗荣　摄

◎ 防治措施：

同杨蓝叶甲防治措施。

Ⅰ-3　经济林害虫

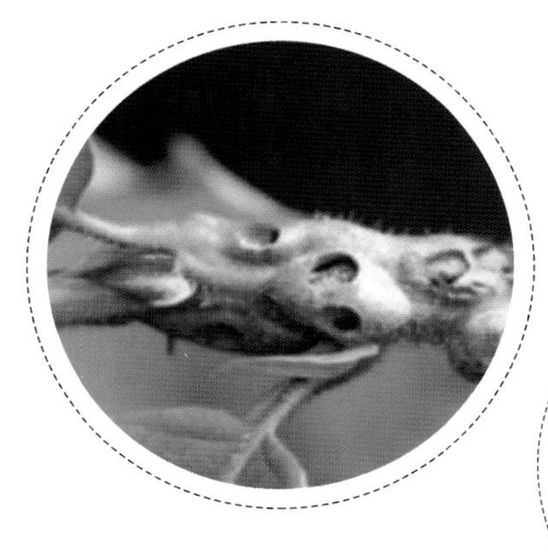

20. 栗瘿蜂

Dryocosmus kuriphilus Yasumatsu

◎ 分类地位：

膜翅目 Hymenoptera 瘿蜂科 Cynipidae。

◎ 危害综述：

全省分布，危害栗属、栎属。幼虫在新梢芽内危害，致使受害芽逐渐肿大、形成虫瘿后不能正常抽新梢，影响开花结果，导致树势生长衰弱、枝条枯死、板栗减产甚至绝收。1 年 1 代，以初孵幼虫在芽内越冬，翌年 4 月开始活动，5 月化蛹，6—7 月成虫羽化。成虫营孤雌生殖，寿命 3～4 天，飞出不久即可产卵，多产在枝条顶芽。8 月幼虫孵化，10 月下旬进入越冬期。在鄂东北呈周期性危害，猖獗与否受中华长尾小蜂等天敌种群影响。

◎ 形态图：

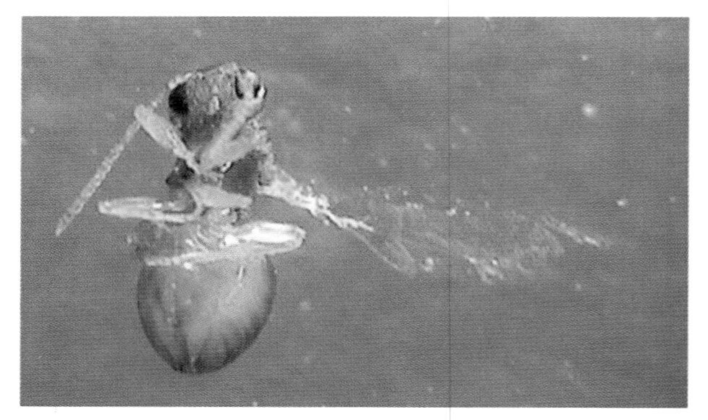

▲成虫（显微照）-丁强　摄

▲成虫-宋超　摄

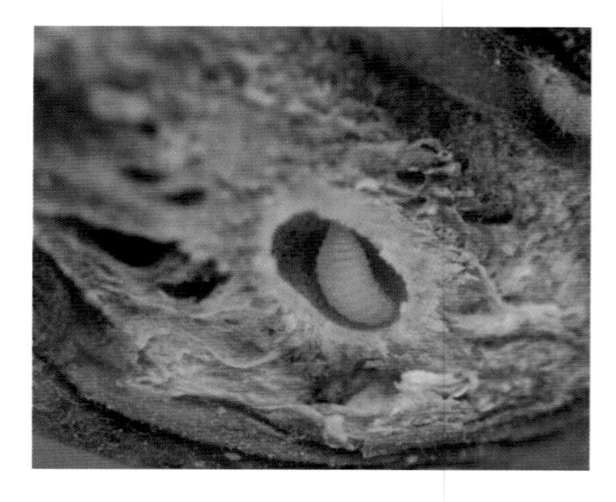

▲幼虫-丁强　摄

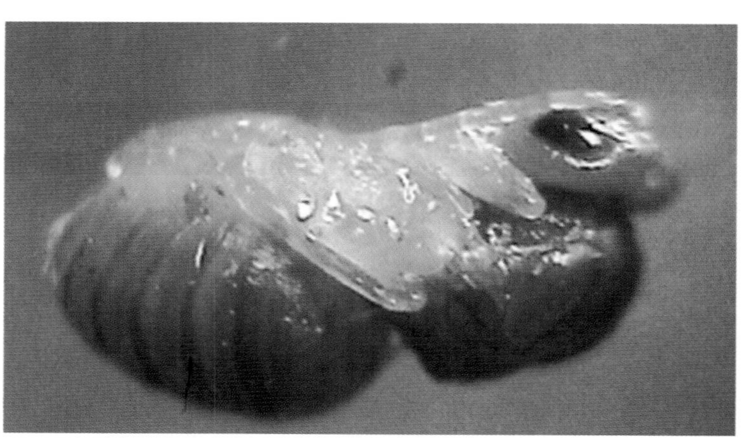

▲蛹-丁强　摄

◎ 危害图：

▲羽化后的瘿瘤-肖艳华　摄

▲羽化后的瘿瘤-俞学武　摄

▲栗瘿蜂危害-丁强　摄

◎ 防治措施：

（1）人工防治。冬季清园剪除虫瘿，5月前剪新虫瘿，虫瘿用密纱网留置在栗园内让天敌完成寄生循环。

（2）化学防治。栗树萌动初期，用吡虫啉等刮皮涂干、打孔用药，控制新虫瘿形成；已减产的栗园，6—7月成虫出瘤期采用溴氰菊酯、甲维盐、灭幼脲等交替喷药。

21. 核桃举肢蛾

Atrijuglans hetaohei Yang

◎ 分类地位：

鳞翅目 Lepidoptera 举肢蛾科 Heliodinidae。

◎ 危害综述：

十堰、宜昌、襄阳和恩施等地有分布。幼虫危害核桃果实，早期被害果种仁干缩、早落；后期被害果种仁瘦瘪变黑，核桃产量下降、品质受损。高海拔地区 1 年 1 代，低海拔地区 1 年 2 代。以老熟幼虫在树冠投影 6 米以内 1～2 厘米的表土越冬，1 年发生 1 代的翌年 5—6 月化蛹，6—7 月成虫羽化、产卵。幼虫蛀果后有汁液流出，呈水珠状，果内虫多时达 30 余条，老熟后从果中脱出，落地入土结茧越冬。

◎ 形态图：

▲雌成虫-付春翼　摄

▲雄成虫-肖德林　摄

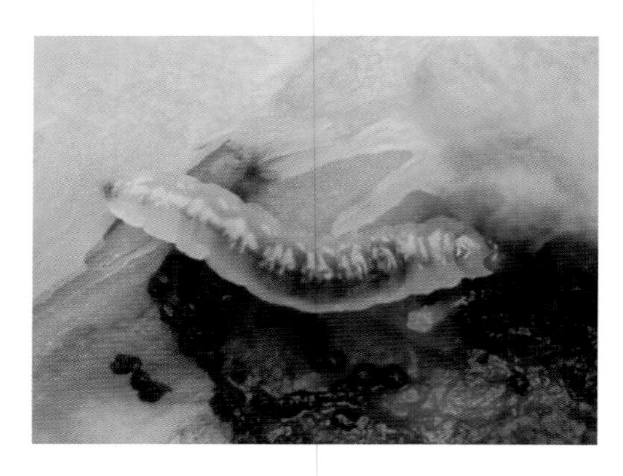

▲中龄幼虫-江建国　摄

▲老熟幼虫-付春翼　摄

◎ 危害图：

▲果实受害状-江建国　摄

▲果仁受害状-江建国　摄

◎ 防治措施：

(1)人工防治。冬季清园、深翻树下土壤，杀灭越冬幼虫；夏季及时剪除受害幼果、捡拾地面落果并深埋。

(2)生物防治。6月卵期释放松毛虫赤眼蜂，8月底老熟幼虫入土后用芫菁夜蛾斯氏线虫喷洒土壤。

(3)化学防治。幼虫孵化期采用灭幼脲、除虫脲、阿维菌素、溴氰菊酯、毒死蜱等交替喷药。

22. 核桃扁叶甲

Gastrolina depressa Baly

◎ 分类地位：

鞘翅目 Coleoptera 叶甲科 Chrysomelidae。

◎ 危害综述：

十堰、宜昌、襄阳、孝感、荆州、黄冈、咸宁、随州和恩施等地有分布。危害核桃、核桃楸、枫杨、桤木等。以成虫和幼虫在核桃叶片上群集取食叶肉，使核桃减产、绝收。1年2代。成虫在地面杂草、枯枝落叶、石块等处越冬。越冬成虫在核桃展叶后取食嫩叶补充营养、交配产卵，卵产在叶背面上，聚集成块。4月中下旬，卵孵化成幼虫，开始取食叶肉，5月是幼虫危害盛期，6月老熟幼虫成串倒挂垂吊在叶面上化蛹，蛹期4～5天。成虫羽化后短期取食即进入越夏滞育。8月继续危害，9月底以后下树越冬。

◎ 形态图：

▲雌成虫-卢宗荣　摄

▲雄成虫-江建国　摄

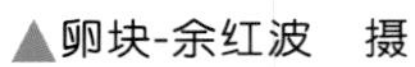

▲卵块-余红波　摄

▲老熟幼虫-江建国　摄

▲蛹-江建国　摄

◎ 危害图：

▲成虫危害-吴晋华　摄

▲幼虫危害-李玉芳　摄

◎ 防治措施：

（1）人工防治。冬季剪除虫枝，增强树势；清除并焚烧果园及其附近杂草、枯枝落叶。

（2）化学防治。3月底成虫上树前绑扎溴氰菊酯毒绳，4—5月中旬幼虫低龄阶段用溴氰菊酯、吡虫啉、阿维菌素喷雾或喷烟防治。

23. 银杏大蚕蛾

Dictyoploca japonica Moore

◎ 分类地位：

鳞翅目 Lepidoptera 大蚕蛾科 Saturniidae。

◎ 危害综述：

全省大部均有分布。危害核桃、枫杨、枫香、银杏、栗、栎、漆、桦等多种阔叶树。1年1代，以卵越冬。翌年4月孵化；幼虫4—7月危害，5—8月化蛹，8—10月羽化、交尾后产卵，卵多产于茧内、蛹壳里、草丛表土内和树干裂缝中。幼虫孵化后群集于距地面最近的叶片上取食，3龄后分散取食，食料不足则转移危害，6龄后在低矮植物上缀叶做茧化蛹。茧丝较粗、坚硬、空隙大，呈纱笼状，化蛹后进入夏眠。

◎ 形态图：

▲雌成虫-余红波　摄

▲雄成虫-朱清松　摄

▲卵块-张兴林　摄

▲低龄、老熟幼虫-张兴林　摄

▲预蛹-肖艳华　摄

▲茧、蛹-丁强　摄

◎ 危害图：

▲危害核桃-卢宗荣　摄

▲柳树受害状-陈亮　摄

◎ 防治措施：

(1)人工防治。敲击或刮除卵块，人工摘蛹。

(2)物理防治。黑光灯诱杀成虫。

(3)化学防治。3 龄前群集期采用吡虫啉、阿维菌素、苦・烟乳油、灭幼脲喷雾，或喷粉、喷烟防治。

24. 银杏超小卷叶蛾

Pammene ginkgoicola Liu

◎ 分类地位：

鳞翅目 Lepidoptera 卷蛾科 Tortricidae。

◎ 危害综述：

十堰、宜昌、荆门、孝感、荆州、随州、天门、恩施等地有分布。危害银杏，使短枝叶片、幼果干枯脱落，新梢变黄、长枝枯死，严重影响结果和景观效果。1 年 1 代，以蛹越冬。翌年 3 月下旬羽化时蛹蠕动到孔口半露在外，4 月羽化盛期，成虫吸食花蜜补充营养，趋光性弱。4—5 月为卵期，5—6 月为幼虫危害期，初孵幼虫爬行迅速，自叶柄与短枝间蛀入，或蛀食当年生长枝，转枝危害后卷叶取食，并在枯叶静栖约 14 天。5 月下旬老熟幼虫在树干中下部蛀入树皮下 2～3 毫米滞育越夏，11 月做薄茧化蛹越冬。

◎ 形态图：

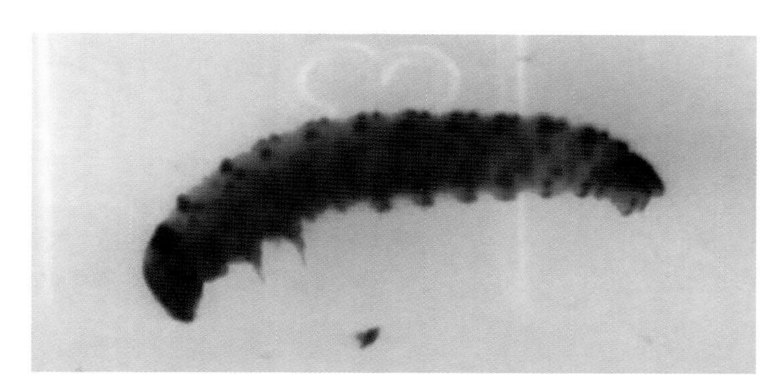

▲幼虫-付应林　摄

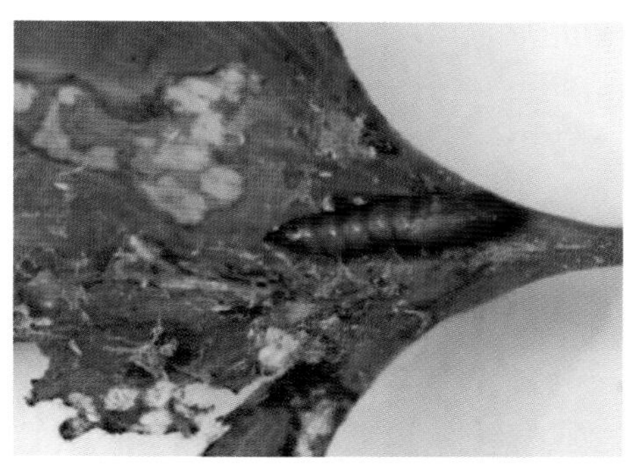

▲蛹-付应林　摄

◎ 危害图：

▲长枝受害枯萎-江建国　摄

▲大树受害状-丁强　摄

◎ 防治措施：

(1)人工防治。成虫羽化前清除周边蜜源植物；羽化期的4月份每天9时前，人工在树干上捕捉成虫、树干涂粘虫胶杀成虫或蜜糖诱成虫；危害期及时剪除刚枯萎的枝叶。

(2)化学防治。用吡虫啉、噻虫嗪、阿维菌素、溴氰菊酯交叉喷洒受害枝条，杀灭初孵幼虫；在幼虫危害期至蛀入树皮滞育前，对枝叶和树干喷施氟铃脲2～3次。

25. 油茶枯叶蛾

Lebeda nobilis Walker

◎ 分类地位：

鳞翅目 Lepidoptera 枯叶蛾科 Lasiocampidae。

◎ 危害综述：

黄石、十堰、襄阳、鄂州、孝感、黄冈和恩施有分布。幼虫食性杂，主要危害油茶、板栗、锥栗、栎、苦槠、杨梅、马尾松等，果树被害后小枝枯死，树木生长、开花结果受影响，导致经济损失。1年1代，以幼虫在卵内越冬。翌年3月开始孵化，初孵幼虫群集一处取食，3龄后分散取食，幼虫7龄。8月老熟幼虫多在板栗、油茶和松针叶丛或灌丛中吐丝结茧，茧附较粗毒毛、有不规则的网状孔。9—10月上旬羽化、产卵，成虫有较强的趋光性。卵产在油茶、板栗的小枝上或马尾松的针叶上。

◎ 形态图：

▲雌成虫-肖云丽　摄

▲雄成虫-王立华　摄

◎ 防治措施：

(1)人工防治。摘除茧、卵块。

(2)物理防治。黑光灯诱杀成虫。

(3)生物防治。用白僵菌、油茶枯叶蛾核型多角体病毒、Bt菌液喷杀2～3龄幼虫；保护林间寄生蜂、寄生蝇、鸟类等天敌。

(4)化学防治。3～4 龄幼虫喷洒灭幼脲、苯氧威、阿维菌素、苦·烟乳油等,或用溴氰菊酯、甲维盐、苦·烟乳油喷烟。

26. 油桐尺蠖

Buzura suppressaria Guenee

◎ 分类地位:

鳞翅目 Lepidoptera 尺蛾科 Geometridae。

◎ 危害综述:

十堰、宜昌、襄阳、荆门、孝感、咸宁和恩施等地有分布。幼虫食性杂,主要危害油桐、油茶、茶、乌桕、板栗、栎以及松、柏、水杉等。暴发时,可在短期内将树叶吃光,严重影响树势生长。1 年 2～3 代,以蛹在土中越冬。发生 3 代的年份,4 月成虫羽化产卵,5—6 月第 1 代危害,7—8 月第 2 代危害,第 3 代 11 月初化蛹越冬。有世代重叠现象。

◎ 形态图:

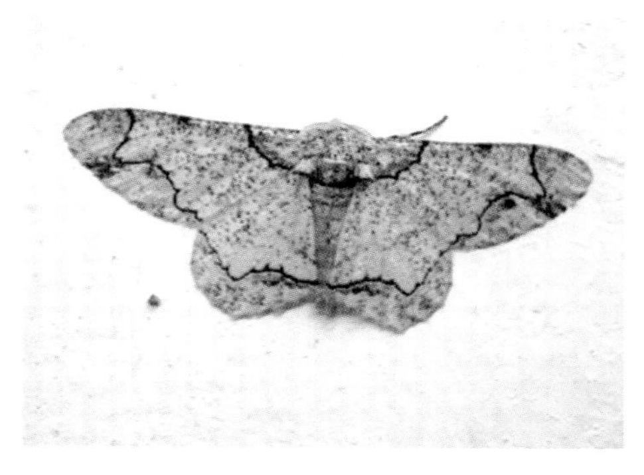

▲雌成虫-李罡　摄

▲雄成虫-王立华　摄

▲幼虫-周丽丽　摄

▲蛹

◎ 防治措施:

(1)生物防治。用白僵菌、油桐尺蛾核型多角体病毒、Bt 菌液喷杀 2～3 龄幼虫;保护林间寄生蜂、寄生蝇、鸟类等天敌。

(2)化学防治。低龄幼虫期喷洒灭幼脲、苯氧威、阿维菌素、苦·烟乳油等药剂,或用溴氰菊酯、苦·烟乳油喷烟。

27.油茶尺蠖

Biston marginata Shiraki

◎ 分类地位:

鳞翅目 Lepidoptera 尺蛾科 Geometridae。

◎ 危害综述:

黄石、十堰、孝感、荆州、黄冈、咸宁等地有分布。幼虫危害油茶、茶,食料欠缺时取食油桐、乌桕,严重时吃光叶片,造成果实早落,甚至果树枯死。1 年 1 代,以蛹在油茶树蔸周围疏松土壤中越冬。翌年 2 月开始羽化、交尾、产卵,卵呈块状产于树枝的阴暗面或枝叉处,覆盖褐色绒毛。3 月幼虫开始危害,初孵幼虫有群栖性,食嫩叶表皮和叶肉,2 龄后开始分散取食,使叶形成缺刻,6 龄幼虫食量最大。6 月幼虫老熟后下树入土化蛹越夏、越冬。

◎ 形态图:

▲雌成虫-邓学基　摄

▲幼虫-周宇　摄

◎ 防治措施:

(1)物理防治。秋季翻耕灭蛹。

(2)生物防治。用白僵菌、油茶尺蠖核型多角体病毒、Bt 菌液喷杀 2～3 龄幼虫;保护林间寄生蜂、寄生蝇、鸟类等天敌。

(3)化学防治。低龄幼虫期可喷洒灭幼脲、苯氧威、阿维菌素、吡虫啉、苦·烟乳油等。

28. 茶尺蠖

Ectropis obliqua hypulina Wehrli

◎ 分类地位：

鳞翅目 Lepidoptera 尺蛾科 Geometridae。

◎ 危害综述：

武汉、十堰、宜昌、鄂州、孝感、咸宁和恩施等地有分布。幼虫危害茶，严重危害时吃光叶片，既会导致茶叶减产，还会引起茶树冬季冻害，影响翌年萌芽时间和产量。1 年 5 代左右，以蛹在树冠下表土内越冬。翌年 3 月成虫羽化，第 1 代幼虫 4 月发生，可延续至 5 月上中旬。5 月下旬后每月约发生 1 代，世代重叠。若秋季前期温暖，可多发生 1 代危害。初孵幼虫吐白丝，悬挂茶梗上形似枯枝。1 龄幼虫咬食芽叶上表皮和叶肉，2 龄后咬食成“C”形缺刻，3 龄后食量大增，4 龄后进入暴食期。常与其他尺蛾混合发生。

◎ 形态图：

▲幼虫-丁强 摄

◎ 危害图：

▲叶片“C”形缺刻-丁强 摄

▲茶园受害状-丁强 摄

◎ 防治措施：

同油茶尺蠖防治措施。

29. 茶黄毒蛾

Euproctis pseudoconspersa Strand

◎ 分类地位：

鳞翅目 Lepidoptera 毒蛾科 Lymantriidae。

◎ 危害综述：

全省大部有分布。危害茶、油茶、茶花，可食光整株老叶、芽叶、嫩梢、花、嫩果，且虫体、蜕皮、茧丝均有毒毛，对人皮肤刺激大，严重妨碍茶园生产管理。1 年 3 代，在茶树中下层叶背产卵越冬。幼虫 6～7 龄，危害期为 4—5 月、6—7 月、8—9 月，各代发生比较整齐。老熟幼虫在茶树根际土缝中、枯枝落叶下结茧化蛹。1～3 龄常数十至数百条群集在叶背取食茶树顶梢嫩叶叶肉，致使被害叶片仅剩透明的薄膜状上表皮；3 龄后分散危害，造成叶片严重缺刻，无食物时幼虫有成群迁移习性。

◎ 形态图：

▲雌成虫-余小军　摄

▲雄成虫-王立华　摄

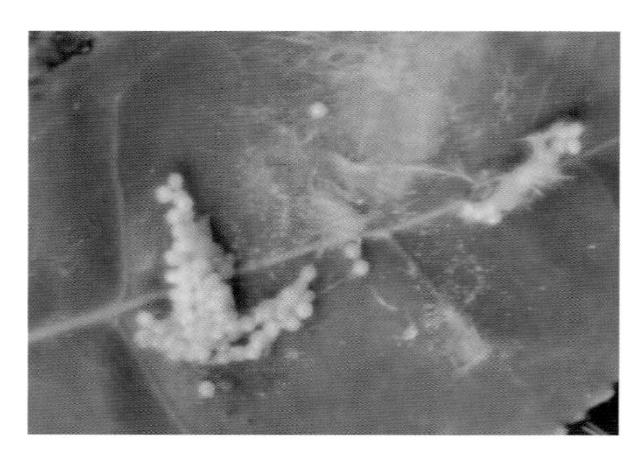

▲卵块-余小军　摄

▲低龄幼虫-姚青　摄

▲中龄幼虫-高嵩　摄

▲老熟幼虫-刘刚　摄

◎ 危害图：

▲幼虫危害状-王菊香　摄

◎ 防治措施：

（1）物理防治。人工摘除带卵块的叶片；利用低龄幼虫群集性将叶片剪下杀灭。

（2）生物防治。同油茶尺蠖防治措施。

（3）化学防治。同油茶尺蠖防治措施。

30. 黄脊雷篦蝗（黄脊竹蝗）

Rammeacris kiangsu Tsai

◎ 分类地位：

直翅目 Orthoptera 网翅蝗科 Arcypteridae。

◎ 危害综述：

全省大部有分布。1年1代，若虫（跳蝻）和成虫取食毛竹等多种竹类竹叶。大发生时可将竹叶全部吃光，遇干旱年份被害毛竹枯死，竹腔内积水，纤维腐败，竹材无使用价值，第2年毛竹林出笋少、茎细，竹林逐渐衰败。以卵在表土1～2厘米深的卵囊中越冬，越冬卵于6月底孵化完毕，跳蝻有群聚和迁移习性，成虫有迁飞性，8—10月产卵越冬。

◎ 形态图：

▲中龄跳蝻-汪宣振　摄

▲末龄跳蝻-汪成林　摄

▲成虫-汪成林　摄

◎ 危害图：

▲危害状-汪成林　摄

◎ 防治措施：

(1)物理防治。自 11 月至翌春翻耕灭卵。尿液加无公害药剂装入竹槽或浸润稻草，放到林间诱杀成虫。

(2)生物防治。跳蝻出土 10 天内，在露水未干前采用白僵菌、Bt 喷粉。

(3)化学防治。跳蝻上竹前，喷灭幼脲、毒死蜱、吡虫啉等喷雾，上竹后用阿维菌素、苦·烟乳油喷烟防治。

31. 竹织叶野螟

Algedonia coclesalis Walker

◎ 分类地位：

鳞翅目 Lepidoptera 螟蛾科 Pyralidae。

◎ 危害综述：

咸宁、武汉、黄石、荆州、十堰、宜昌、襄阳、随州等地有分布。危害毛竹、淡竹、刚竹、苦竹等，幼虫吐丝卷叶取食危害，大发生时竹叶被吃光，竹枝发黄，竹材重量减轻，竹鞭生长及下年度出笋受影响，甚至竹子枯死。1 年 1～2 代，以老熟幼虫在土内结茧越冬，翌年 5 月初化蛹、羽化，成虫需吸食花蜜才能交尾产卵。卵块产于嫩叶背面，呈鱼鳞状；初孵幼虫取食竹叶表皮，2 龄后吐丝卷叶取食形成虫苞。6 月中下旬开始危害，盛期 7—8 月，10 月仍可见少数幼虫危害，多数幼虫于 10 月在疏松表土上结茧越冬。有少数幼虫在 7 月底化蛹，8 月羽化成虫繁殖第 2 代。

◎ 形态图：

▲成虫-余小军　摄

▲幼虫-江建国　摄

◎ 危害图：

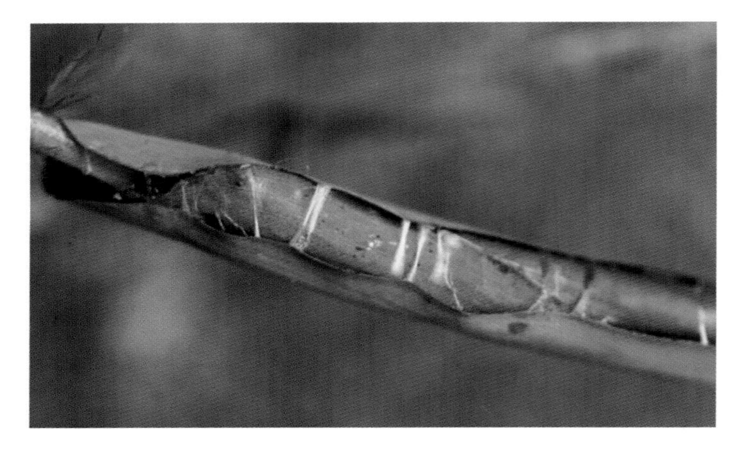

▲危害图-阮建军　摄

▲危害图-汪成林　摄

◎ 防治措施：

（1）物理防治。清除林间、林缘杂灌，减少蜜源植物；冬季松土杀越冬幼虫；黑光灯诱杀成虫。

（2）生物防治。幼虫期释放玉米螟赤眼蜂；喷施 Bt、白僵菌粉剂。

（3）化学防治。采用灭幼脲、甲维盐、苦·烟等防治低龄幼虫。

32. 竹镂舟蛾

Loudonta dispar Kiriakoff

◎ 分类地位：

鳞翅目 Lepidoptera 舟蛾科 Notodontidae。

◎ 危害综述：

咸宁、荆州等地有分布，幼虫危害毛竹、刚竹、淡竹等竹类，周期性暴发时将叶食光，影响出笋和竹材质量，甚至造成竹类枯死。1 年 3 代。以老熟幼虫在地面浅土、落叶中做茧越冬。翌年 4 月化蛹、羽化。卵产于新竹叶上，呈条、块状，幼虫 6 龄，1～2 龄幼虫能吐丝转移，末龄幼虫食量大，老熟后在表土层中做茧化蛹。5—9 月危害，有世代重叠现象。

◎ 形态图：

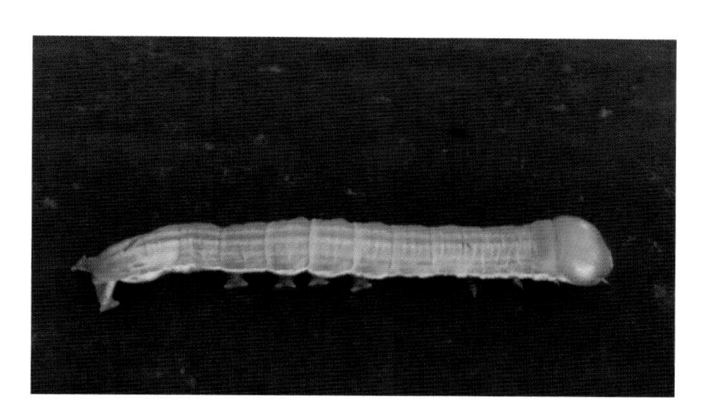

▲幼虫-毛庆山　摄

▲毛竹受害状-毛庆山　摄

◎ 危害图：

▲幼虫危害-汪成林　摄

◎ 防治措施：

（1）物理防治。摘除虫茧；黑光灯诱杀成虫。

（2）生物防治。卵期释放舟蛾赤眼蜂；低龄幼虫期喷施 Bt；老熟幼虫下地越冬前喷白僵菌，让其带菌越冬。

（3）化学防治。采用灭幼脲、苯氧威、甲维盐、苦·烟、溴氰菊酯喷雾或喷烟防治幼虫。

33. 刚竹毒蛾

Pantana phyllostachysae Chao

◎ 分类地位：

鳞翅目 Lepidoptera 毒蛾科 Lymantriidae。

◎ 危害综述：

咸宁、武汉、黄石、十堰、宜昌、黄冈等地有分布。危害毛竹等竹类，幼虫食光叶后致竹腔积水，危害严重时影响下年出笋、眉围下降甚至成片死亡。人接触毒毛后会皮肤过敏或呼吸窘迫。1 年 3～4 代，以卵或幼虫在叶背面越冬。卵产于中下层叶背或竿上，初孵幼虫群集竹叶背面取食，低龄幼虫吐丝下垂转移取食，4～7 龄幼虫善爬，成虫、幼虫都具趋光性。3—5 月第 1 代，5—6 月第 2 代，7—8 月第 3 代，9—11 月上旬第 4 代，有世代重叠现象。

◎ 形态图：

▲雌成虫-丁强　摄

▲雄成虫-丁强　摄

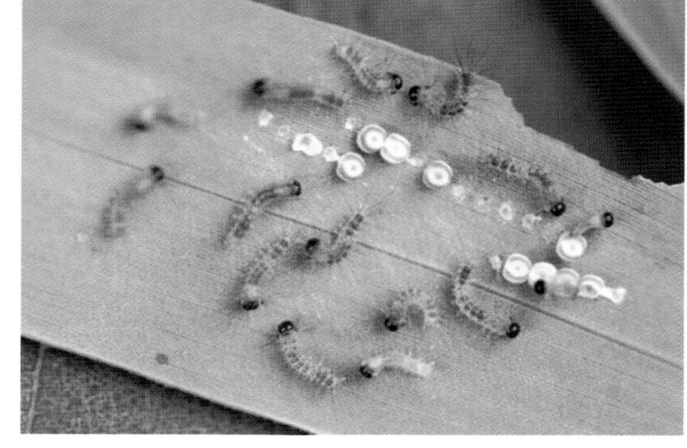

▲卵、初孵幼虫-王建敏　摄

▲老熟幼虫-王建敏　摄

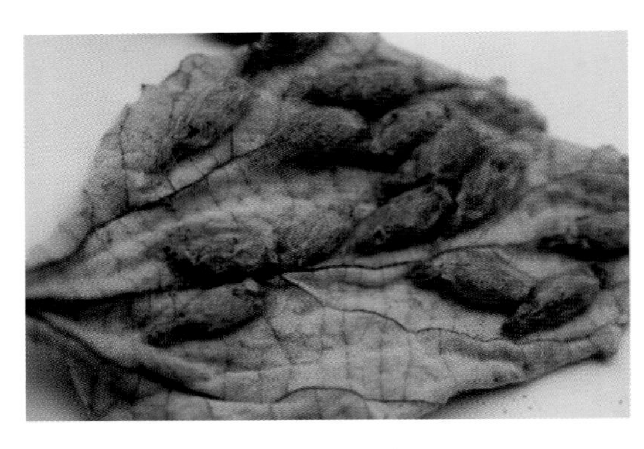

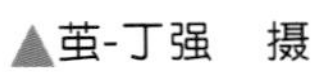

▲茧-丁强　摄

▲蛹-王建敏　摄

◎ 危害图：

▲竹林受害状-阮建军　摄

◎ 防治措施：

（1）物理防治。黑光灯诱杀成虫。

（2）生物防治。保护天敌；采用白僵菌、Bt 防治低龄幼虫。

（3）化学防治。采用灭幼脲、甲维盐、苦·烟、吡虫啉、杀灭菊酯等喷雾或喷烟。

Ⅰ-4 其他食叶害虫

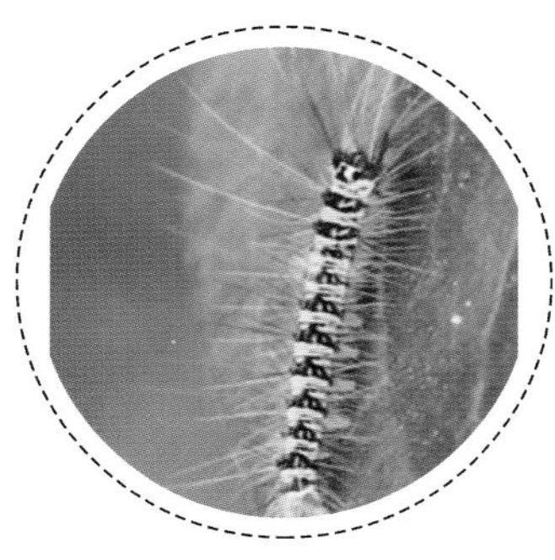

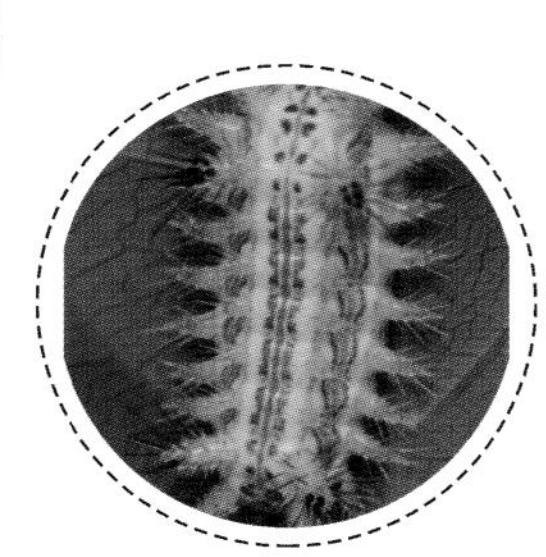

34. 大袋蛾

Clania variegata Snellen

◎ 分类地位：

鳞翅目 Lepidoptera 蓑蛾科 Psychidae。

◎ 危害综述：

全省大部有分布。幼虫取食多种阔叶及针叶树叶片，严重危害时可将叶片取食殆尽。1 年 1 代，以老熟幼虫在枝梢上虫囊内越冬，翌年 4 月出蜇后取食或不取食化蛹，5 月羽化，卵产于雌成虫袋囊内，幼虫孵化后吐丝下垂，遇到寄主后吐丝做囊，边取食边扩囊，危害至 11 月，老熟幼虫在枝上封囊过冬。

◎ 形态图：

▲雄成虫-肖德林　摄

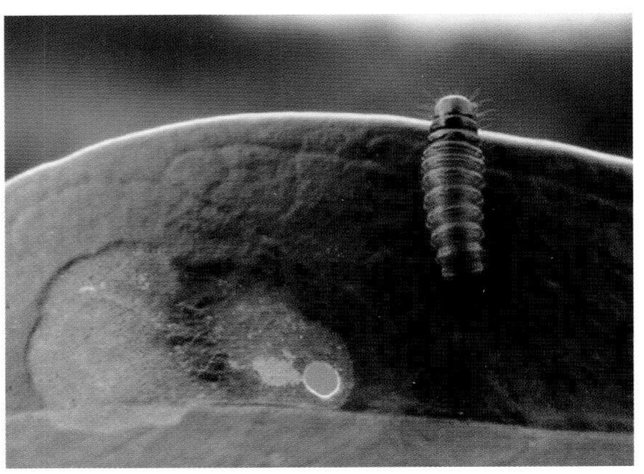

▲低龄幼虫-喻卫国　摄

▲老熟幼虫-付春翼　摄

▲老熟幼虫-罗智勇　摄

◎ 危害图：

▲枫杨受害状-樊新华　摄

▲樟树受害状-付春翼　摄

◎ 防治措施：

(1)生物防治。采用 Bt 防治。

(2)化学防治。采用灭幼脲、苯氧威、阿维菌素、苦参碱喷雾防治。

35. 茶袋蛾

Clania minuscula Butler

◎ 分类地位：

鳞翅目 Lepidoptera 蓑蛾科 Psychidae。

◎ 危害综述：

全省大部有分布。危害多种针叶树、阔叶树及竹类。幼虫取食叶片并啃食嫩枝，严重发生时影响林木生长。1 年 2 代，以中龄幼虫在护囊内挂于树枝干上越冬。翌年气温达到 10℃左右开始活动取食，5 月上旬越冬代开始化蛹，6 月上旬第 1 代幼虫危害，9 月第 2 代幼虫危害，11 月进入越冬状态。护囊外小枝梗排列整齐。

◎ 形态图：

▲雄成虫-肖云丽　摄

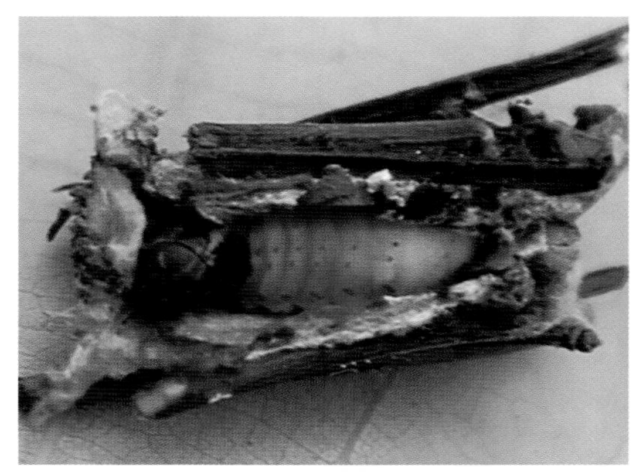

▲中龄幼虫-罗智勇　摄

▲老熟幼虫-付春翼　摄

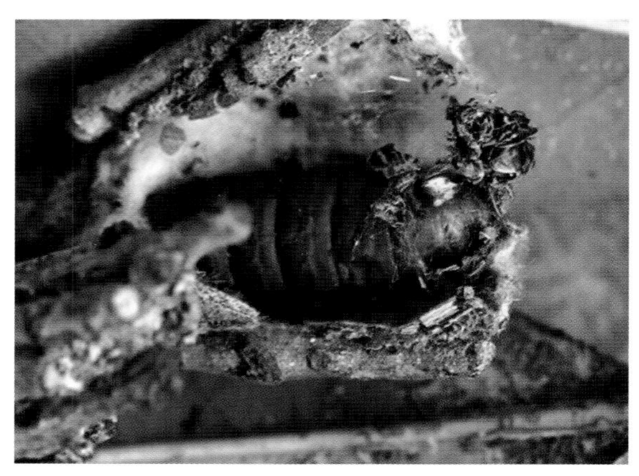
▲蛹-郭先梅　摄

◎ 危害图：

▲旱柳受害状-丁强　摄

▲樟树受害状-夏明洋　摄

◎ 防治措施：

(1)物理防治。冬季摘除袋囊。

(2)生物防治。采用 Bt 防治；收集、扩繁寄生蝇。

(3)化学防治。采用溴氰菊酯、灭幼脲等防治低龄幼虫。

36. 褐边绿刺蛾

Latoia consocia Walker

◎ 分类地位：

鳞翅目 Lepidoptera 刺蛾科 Limacodidae。

◎ 危害综述：

全省分布。危害多种经济林、绿化观赏花木及用材树种。幼虫食叶，低龄啃食叶肉，稍大取食成孔洞或缺刻，严重时食成光杆，致树势衰弱。幼虫体壁有枝刺、毒毛，对人皮肤刺激大，妨碍林间作业。1 年 2 代，以预蛹越冬。翌年 4 月开始化蛹，5—6 月上旬羽化，卵多散产于叶面上。第 1 代幼虫 6—7 月危害，第 2 代幼虫 8—10 月危害，老熟幼虫在枝干上或树干基部周围的土中结茧越冬。

◎ 形态图：

▲雌成虫-潘明胜　摄

▲雄成虫-肖德林　摄

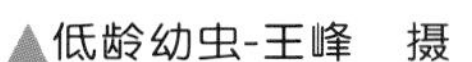

▲低龄幼虫-王峰　摄

▲中龄幼虫-罗智勇　摄

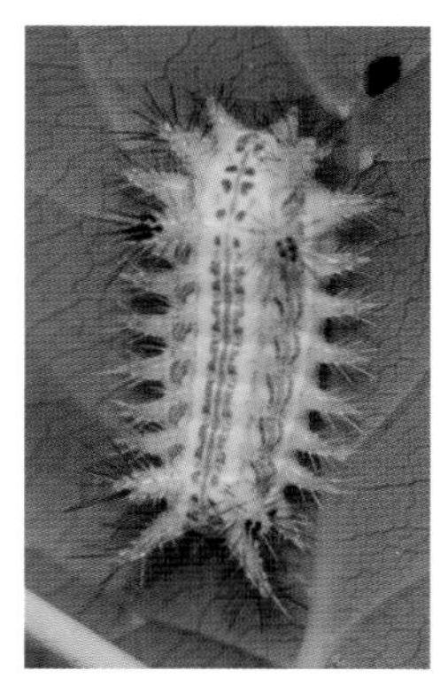

▲老熟幼虫-江建国　摄

▲茧、蛹-丁强　摄

◎ 危害图：

▲危害柿树-罗智勇　摄

▲危害杨树-汪成林　摄

◎ 防治措施:

(1)物理防治。冬季翻耕灭茧。

(2)生物防治。采用Bt防治。

(3)化学防治。采用灭幼脲、甲维盐、苦·烟、氰戊菊酯、啶虫咪防治幼虫。

37.扁刺蛾

Thosea sinensis Walker

◎ 分类地位:

鳞翅目 Lepidoptera 刺蛾科 Limacodidae。

◎ 危害综述:

全省分布。危害多种经济林、园林绿化观赏花卉和用材树种。低龄幼虫啃食叶肉,稍大取食成孔洞或缺刻,严重时食成光杆,致树势衰弱;幼虫体壁有枝刺、毒毛,对人皮肤刺激大,妨碍林间作业。1年2～3代,老熟幼虫在树下3～6厘米土层内结茧。第1代幼虫5—7月危害,第2代幼虫7—9月危害,第3代幼虫9—10月以老熟幼虫入土结茧越冬。

◎ 形态图:

▲雌成虫-肖云丽 摄

▲雄成虫-王立华 摄

▲中龄幼虫-丁强 摄

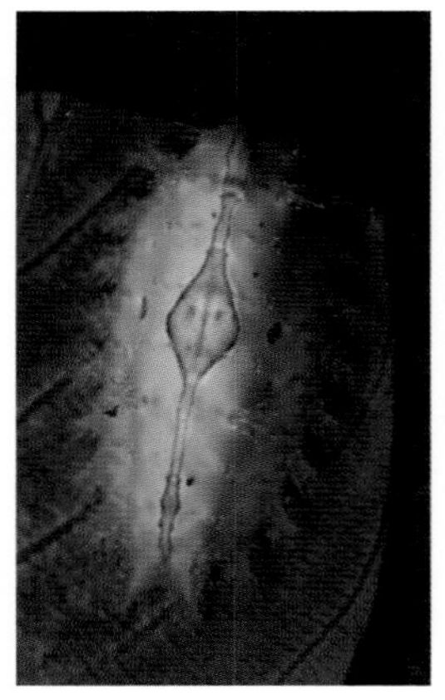

▲老熟幼虫-肖艳华 摄

▲茧-丁强 摄

◎ 危害图：

▲柑橘受害状-肖德林 摄

▲麻栎受害状-余红波 摄

◎ 防治措施：

（1）物理防治。冬季翻耕灭茧。

（2）生物防治。喷施扁刺蛾核型多角体病毒、Bt。

（3）化学防治。采用灭幼脲、甲维盐、氰戊菊酯、啶虫咪防治幼虫。

38. 黄刺蛾

Monema flavescens Walker

◎ 分类地位：

鳞翅目 Lepidoptera 刺蛾科 Limacodidae。

◎ 危害综述：

全省分布。食性杂，危害多种经济林、园林绿化观赏花卉和用材树种。低龄幼虫啃食叶肉成网孔，大龄幼虫取食叶片成缺刻，严重发生时食光叶片，致秋季二次萌发，导致树势衰弱；幼虫体壁有枝刺和毒毛，对人皮肤刺激大，妨碍林间作业。1 年 2 代，以老熟幼虫在枝干上做的钙质茧内越冬。翌年 4 月化蛹，5 月羽化，产卵于叶背，第 1 代幼虫 6—7 月危害，第 2 代幼虫 7—8 月干旱季节危害最重，9 月下旬老熟幼虫在树枝上结茧越冬。

◎ 形态图：

▲成虫-王立华　摄

▲初孵幼虫-肖艳华　摄

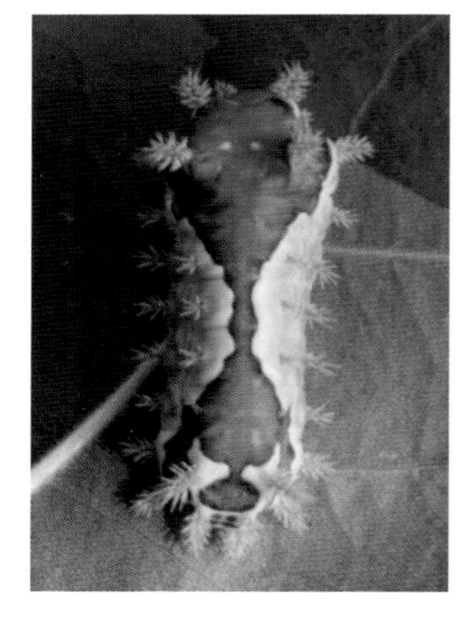

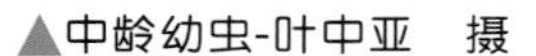

▲中龄幼虫-叶中亚　摄

▲老熟幼虫-张量　摄

▲茧-叶中亚　摄

◎ 危害图：

▲紫薇受害状-李传仁　摄

▲红叶李受害状-徐正红　摄

◎ 防治措施：

(1)物理防治。摘除幼虫群集的叶片，刮、砸虫茧，黑光灯诱杀成虫。

(2)生物防治。喷施 Bt。

(3)化学防治。采用灭幼脲、阿维菌素等喷雾防治幼虫。

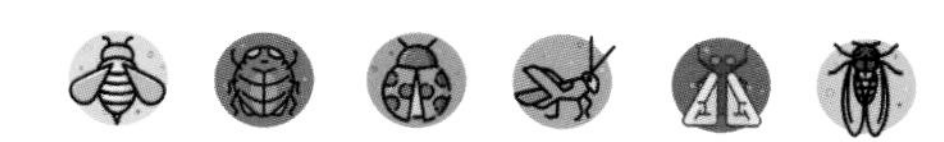

39. 重阳木锦斑蛾

Histia rhodope Cramer

◎ 分类地位：

鳞翅目 Lepidoptera 斑蛾科 Zygaenidae。

◎ 危害综述：

全省大部有分布。幼虫体具枝刺并分泌毒液。1 年 3 代，幼虫 7～8 龄，以老熟幼虫在树裂缝、树皮及粘结重叠的叶片中结茧越冬。4 月下旬可见越冬代成虫。成虫白天吸食汁液补充营养，卵产于叶背，低龄幼虫群集危害，4 龄后分散，老熟幼虫吐丝坠地做茧或在叶片上结薄茧。幼虫危害期在 6—9 月，老熟幼虫 10 月结茧越冬。

◎ 形态图：

▲成虫-江建国　摄

▲幼虫-江建国　摄

▲茧-黄大勇　摄

◎ 危害图：

▲重阳木受害状-江建国　摄

▲幼虫危害灌木-王菊香　摄

◎ 防治措施：

(1)物理防治。剪除虫枝，清除枯枝，利用草把诱杀。

(2)化学防治。采用灭幼脲、苯氧威、甲维盐、苦・烟、氯氰菊酯、吡虫啉等喷雾或喷烟防治幼虫。

40. 栗黄枯叶蛾

Trabala vishnou vishnou Lefebvre

◎ 分类地位：

鳞翅目 Lepidoptera 枯叶蛾科 Lasiocampidae。

◎ 危害综述：

全省大部有分布。危害栎、栗、盐肤木、核桃、油茶、柑橘等多种阔叶树木，暴发时可将树叶食光，影响树木生长和结果。1 年 1 代。以卵越冬，翌年 4 月中下旬开始孵化，6 月中旬为孵化盛期。3 龄前有群集性，受惊吓后吐丝下垂，4 龄后分散危害，食量猛增，6—8 月为危害高峰期。7 月开始结茧化蛹，在树干侧枝、灌木、杂草及岩石上吐丝结茧化蛹。8—9 月为羽化盛期，成虫羽化后交尾，产卵于茧、树干或枝条上，排成 2 行越冬。

◎ 形态图：

▲雌成虫-顾勇　摄

▲雄成虫-王立华　摄

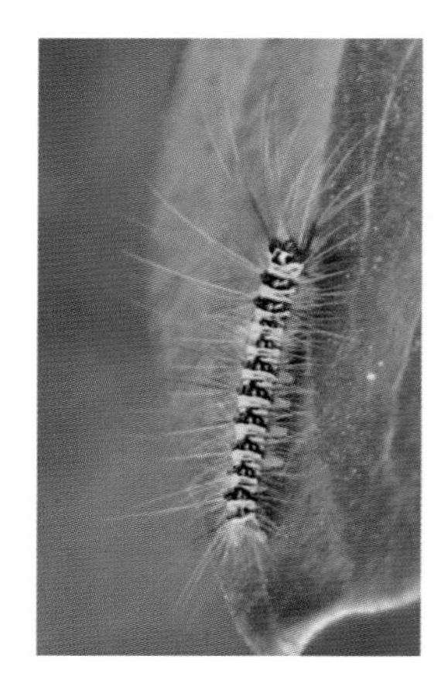

▲低龄幼虫-罗智勇　摄

▲中龄幼虫-卢宗荣　摄

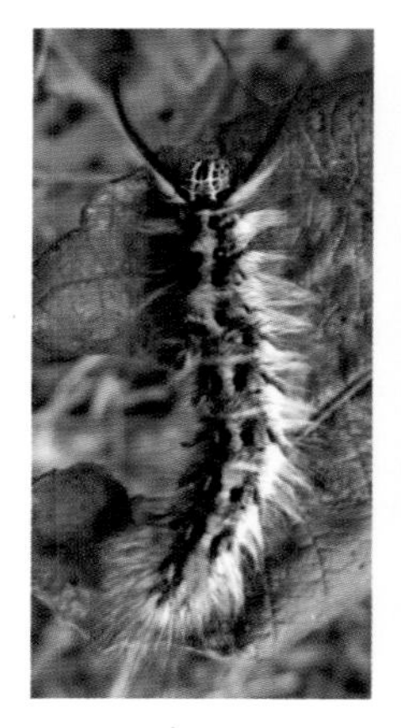

▲老熟幼虫-陈亮　摄

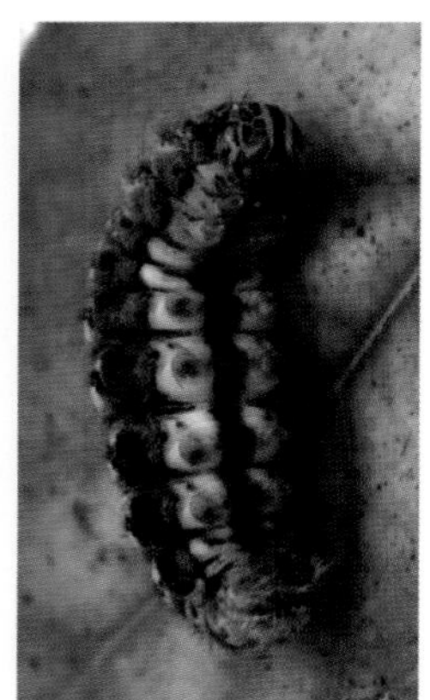

▲预蛹-罗智勇　摄

◎ 危害图：

▲危害油茶-陈景升　摄

▲危害盐肤木-罗智勇　摄

◎ 防治措施：

(1)物理防治。人工摘卵采茧，黑光灯诱杀成虫。

(2)生物防治。喷洒 Bt、核型多角体病毒；保护天敌。

(3)化学防治。幼虫期喷施灭幼脲、甲维盐、溴氰菊酯等。

41. 黄杨绢野螟

Diaphania perspectalis Walker

◎ 分类地位：

鳞翅目 Lepidoptera 草螟科 Crambidae。

◎ 危害综述：

武汉、十堰、宜昌、荆门、孝感、荆州、咸宁、随州和恩施等地有分布。主要危害黄杨科及冬青、女贞、卫矛等植物，小叶黄杨受害最重。以幼虫取食嫩芽和叶片，常吐丝缀合叶片，于其内取食，受害叶片枯焦，严重暴发时可将叶片吃光，造成黄杨成株枯死，影响绿化景观。1 年 3 代，以第 3 代的低龄幼虫在叶苞内做茧越冬，翌年 3 月下旬开始取食危害，老熟后在缀丝叶中化蛹、羽化，5 月上旬始见成虫。幼虫 2 龄前取食叶肉，3 龄后吐丝做巢在其中取食。成虫趋光性不强。越冬代整齐，以后世代重叠，10 月份以 3 代幼虫开始越冬。

◎ 形态图：

▲成虫-肖云丽　摄　　▲老熟幼虫-阮建军　摄　　▲蛹-徐正红　摄

◎ 危害图：

▲小叶黄杨受害状-李传仁　摄

▲小叶女贞受害状-李传仁　摄

◎ 防治措施：

（1）物理防治。冬季清除枯枝，第 1 代低龄幼虫期摘除虫巢，蛹期摘茧。

（2）化学防治。采用甲维盐、吡虫啉、苯氧威、灭幼脲、菊酯类等喷雾防治。

42. 缀叶丛螟

Locastra muscosalis Walker

◎ 分类地位：

鳞翅目 Lepidoptera 螟蛾科 Pyralidae。

◎ 危害综述：

全省大部有分布。危害枫香、黄连木、盐肤木、南酸枣、胡桃、枫杨等。幼虫吐丝结网，缀小枝叶为巢，咬

叶柄、嫩枝，食尽叶片后迁移，易暴发成灾。1 年 1 代，以老熟幼虫在根附近的土中结茧越冬，翌年 4 月下旬—5 月越冬幼虫化蛹、羽化，成虫产卵于叶面，6—8 月是幼虫危害期，9 月老熟幼虫下树迁移到地面，在根际周围的杂草灌木、枯枝落叶下或疏松表土中结茧越冬。

◎ 形态图：

▲雄成虫

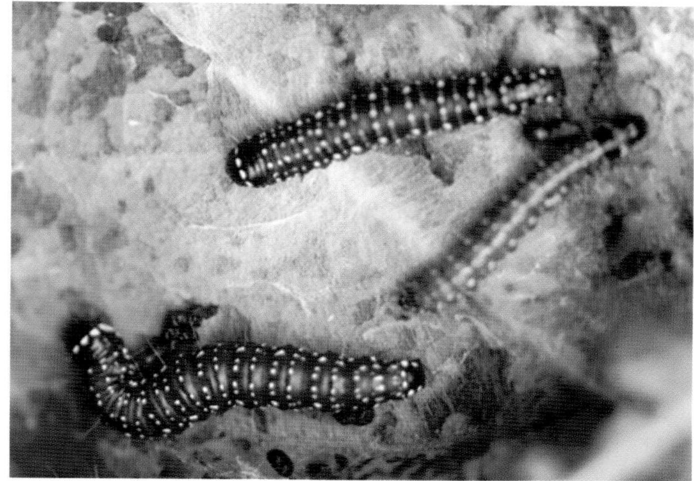

▲幼虫-阮建军　摄

◎ 危害图：

▲黄栌被害状-罗智勇　摄

▲枫杨被害状-肖艳华　摄

◎ 防治措施：

(1)物理防治。黑光灯诱杀成虫。

(2)生物防治。幼虫期喷 Bt、白僵菌粉剂；幼虫老熟入土期在树冠下地面撒施绿僵菌粉。

(3)化学防治。采用苯氧威、灭幼脲、甲维盐、菊酯类等防治。

43. 叶瘤丛螟

Orthaga achatina Butler

◎ 分类地位：

鳞翅目 Lepidoptera 螟蛾科 Pyralidae。

◎ 危害综述：

全省均有分布。危害樟、猴樟、木姜子、山胡椒等，幼虫聚集吐丝缀叶危害，取食叶肉、嫩枝，排粪在网巢内。1 年 2 代，第 1 代在 5—8 月，第 2 代在 8—10 月。5 月成虫羽化，卵产于叶面，幼虫老熟后下树迁移到地面，在根际周围的杂草灌木、枯枝落叶下或疏松表土中化蛹越冬。

◎ 形态图：

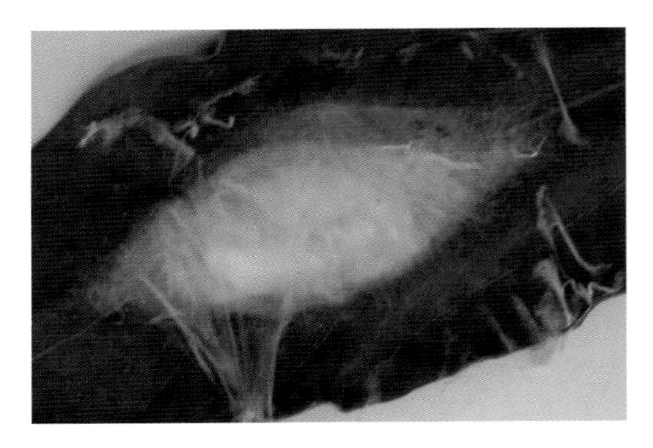

▲卵块-祝艳红　摄

▲幼虫-罗先祥　摄

◎ 危害图：

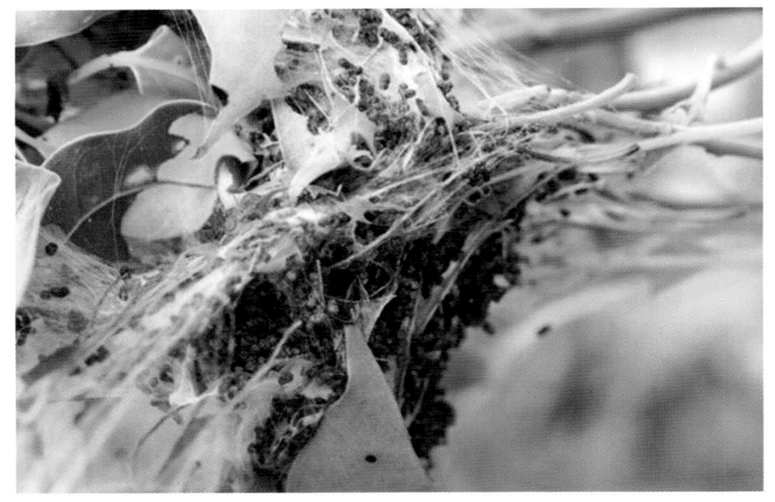

▲樟树受害状-罗先祥　摄

▲樟树被害状-阮建军　摄

◎ 防治措施：

（1）物理防治。冬季挖蛹；低龄幼虫期剪巢网灭幼虫；黑光灯诱杀成虫。

（2）生物防治。幼虫期喷 Bt、白僵菌粉剂；幼虫老熟入土期在树冠下地面撒施绿僵菌粉。

（3）化学防治。幼虫危害初期采用苯氧威、灭幼脲、甲维盐、菊酯类等防治。

44. 大叶黄杨尺蛾

Abraxas anda Bulter

◎ 分类地位：

鳞翅目 Lepidoptera 尺蛾科 Geometridae。

◎ 危害综述：

全省大部有分布。幼虫危害卫矛科植物，群集取食叶片、啃食嫩枝皮层，严重影响树势生长，导致整株死亡。1 年 3 代，以蛹在枯枝落叶下土表层越冬。翌年 3 月下旬越冬代成虫羽化，4 月上旬产卵盛期，卵产在叶背以条形或块状排列。第 1 代幼虫 4—5 月中旬危害，第 2 代幼虫 6—7 月危害，第 3 代 8—10 月危害，老熟幼虫吐丝下垂入土化蛹。

◎ 形态图：

▲雌、雄成虫-付应林　摄

▲卵块-付应林　摄

▲老熟幼虫-汪宣振　摄

▲蛹-胡小龙　摄

◎ 危害图：

▲幼虫危害-姚青　摄

▲大叶黄杨受害状-李传仁　摄

◎ 防治措施：

(1)物理防治。人工摘卵，翻耕灭蛹，黑光灯诱杀成虫。

(2)化学防治。幼虫期采用苯氧威、灭幼脲、高效氯氰菊酯喷雾。

45. 春尺蠖

Apocheima cinerarius Erschoff

◎ 分类地位：

鳞翅目 Lepidoptera 尺蛾科 Geometridae。

◎ 危害综述：

全省均有分布。幼虫危害杨、柳、榆、刺槐、化香、臭椿、核桃、槭、桑等多种阔叶树。该虫发生早、暴发性强、虫口密度大时，能将叶片吃光。1 年 1 代，以蛹在土中越冬。翌年 2—4 月中旬成虫羽化，雌成虫无翅，雄虫有趋光性，卵成块产于树皮缝隙、枝杈等处。4 月幼虫孵化，初孵幼虫活动能力弱，取食幼芽花蕾和嫩叶，稍大取食叶片，4～5 龄幼虫耐饥能力强，可吐丝借风飘移到附近林木危害。5—6 月老熟幼虫入土化蛹越夏、越冬。

◎ 形态图：

▲雄成虫-罗智勇　摄

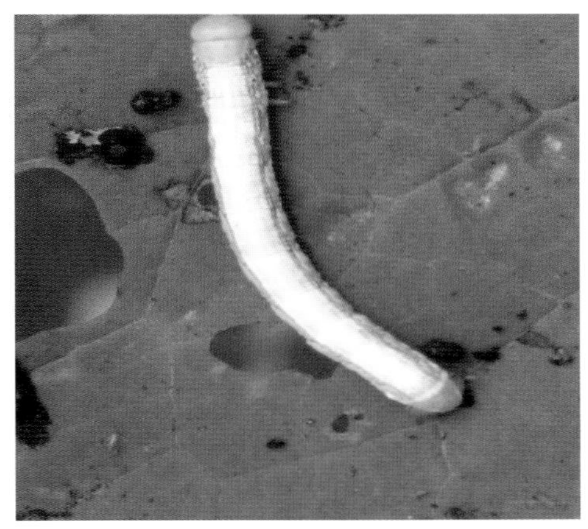

▲幼虫-罗智勇　摄

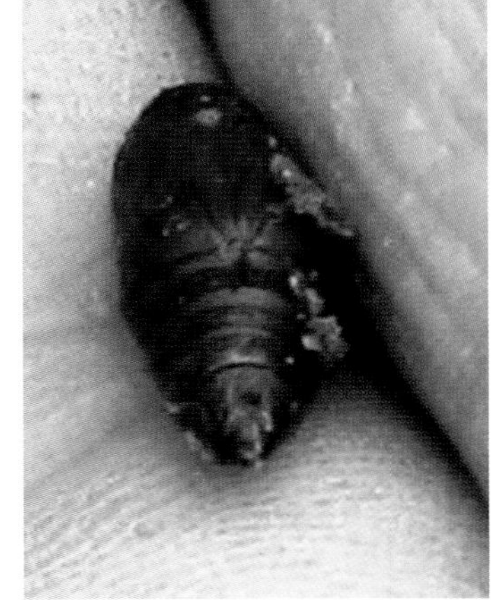

▲雌、雄蛹-罗智勇　摄

◎ 危害图:

▲幼虫危害状-邓学基 摄

◎ 防治措施:

(1)物理防治。翻耕灭蛹,人工刮卵,黑光灯诱杀雄成虫。

(2)生物防治。喷施 Bt、春尺蠖核型多角体病毒。

(3)化学防治。幼虫 4 龄期前喷施灭幼脲、苯氧威、苦·烟、溴氰菊酯等。

46. 栎黄掌舟蛾

Phalera assimilis Bremer et Grey

◎ 分类地位:

鳞翅目 Lepidoptera 舟蛾科 Notodontidae。

◎ 危害综述:

除江汉平原外,其他市、州和神农架林区等地均有分布。幼虫危害栗、栎、榆等多种阔叶树,把叶片食成缺刻状,严重时将叶片吃光,残留叶柄,影响树木生长。1 年 1～2 代,以蛹在树下土中越冬。年发生 1 代的翌年 6—7 月成虫羽化,趋光性较强。卵多成块产于叶背,常数百粒单层排列在一起。幼虫孵化后群聚在叶上取食,常成串排列在枝叶上,中龄后幼虫食量大增,分散危害。幼虫受惊时吐丝下垂,8—9 月幼虫老熟下树入土化蛹,以树下 6～10 厘米深土层中居多。

◎ 形态图：

▲雌成虫-肖云丽　摄

▲成虫-卢宗荣　摄

▲卵块-江建国　摄

▲低龄幼虫-罗智勇　摄

▲老熟幼虫-汪宣振　摄

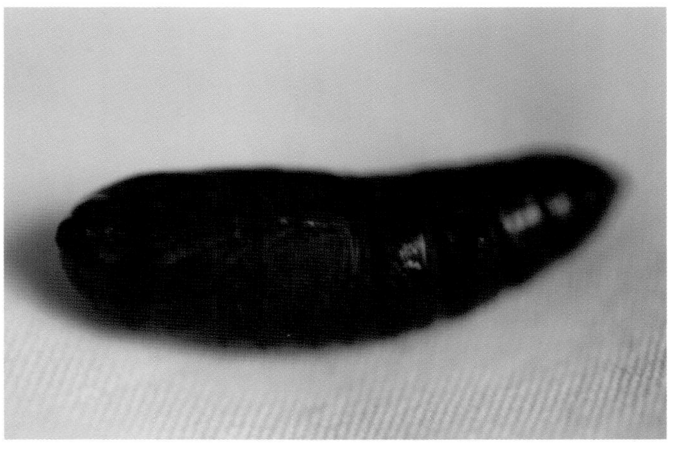

▲蛹-江建国　摄

◎ 危害图：

▲幼虫危害-陈亮 摄

▲麻栎受害状-张兴林 摄

◎ 防治措施：

(1)物理防治。剪除虫枝，黑光灯诱杀成虫。

(2)生物防治。采用 Bt 喷雾或喷粉。

(3)化学防治。采用灭幼脲、甲维盐、苯氧威喷雾，采用苦·烟喷烟。

47. 黄二星舟蛾

Euhampsonia cristata Butler

◎ 分类地位：

鳞翅目 Lepidoptera 舟蛾科 Notodontidae。

◎ 危害综述：

宜昌、襄阳、荆门、孝感、黄冈、咸宁、随州、恩施及神农架林区等地有分布。幼虫危害栓皮栎、麻栎、白栎、槲栎，不取食板栗、茅栗。暴发危害时可将栎树叶食光，影响树木生长。1 年 1～2 代，以蛹越冬。5 月下旬越冬蛹羽化，成虫有趋光性、飞翔力较强、产卵量大。卵产在叶背面，初孵幼虫可吐丝下垂，分散取食叶肉，5～6 龄幼虫暴食，食尽叶片仅残留主脉，7 月中下旬老熟幼虫下地在枯枝落叶下、表土层缀丝做蛹室化蛹。部分蛹 8 月份羽化成虫、产卵，第 2 代幼虫危害至化蛹越冬。

◎ 形态图：

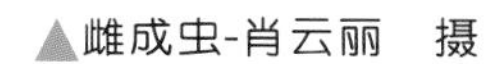

▲雌成虫-肖云丽　摄

▲雄成虫-王立华　摄

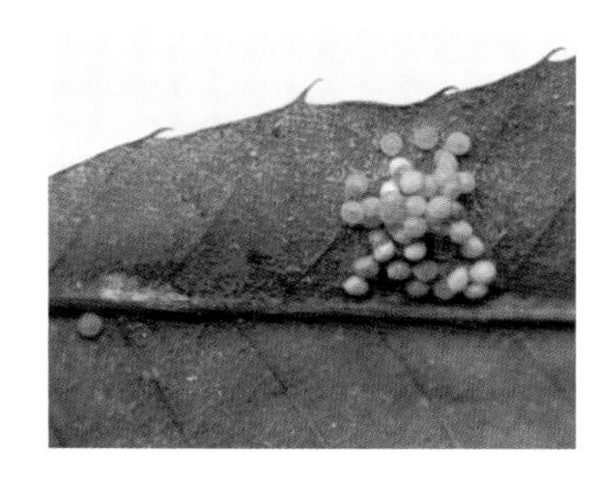

▲卵块-丁强　摄

▲低龄幼虫-丁强　摄

▲老熟幼虫-陈亮　摄

▲预蛹-陈亮　摄

▲蛹室、蛹-陈亮　摄

◎ 危害图：

▲幼虫危害-赵青 摄

▲幼虫转移危害-徐清平 摄

▲麻栎幼树受害状-陈亮 摄

▲栓皮栎大树受害状-陈亮 摄

◎ 防治措施：

(1)物理防治。黑光灯诱杀成虫。

(2)生物防治。Bt 喷雾或喷粉。

(3)化学防治。采用灭幼脲、苯氧威、苦·烟、溴氰菊酯等喷雾,或苯氧威、甲维盐等喷烟防治。

48. 栎粉舟蛾

Fentonia ocypete Bremer

◎ 分类地位：

鳞翅目 Lepidoptera 舟蛾科 Notodontidae。

◎ 危害综述：

十堰、襄阳、荆门、黄冈、随州和神农架林区等地有分布。危害栎属、栗属树木,在栎树上与黄二星舟蛾

同期危害，大发生时，常将栎叶吃光，使栎树生长衰弱，枝条成片枯萎。该虫常患有微孢子病，能感染柞蚕，使种茧质量下降，甚至不能留种。1年1～2代，以蛹越冬。在鄂东山区4月份羽化始见成虫，有较强的趋光性，在栎叶背面分散产卵，每一叶片产卵几粒。低龄幼虫能吐丝下垂，幼虫4龄以后食叶量显著增加，受触动能散出强烈刺激性物质。丘陵、低山区分别在7月上中旬、9月中下旬出现体色变浅的老熟幼虫，在树下土中吐丝粘结土粒做薄茧化蛹。

◎ 形态图：

▲成虫-肖云丽　摄

▲中龄幼虫-姚运州　摄

◎ 危害图：

▲黄二星舟蛾、栎粉舟蛾同期危害麻栎林-陈亮　摄

◎ 防治措施：

同黄二星舟蛾防治措施。

49. 苹掌舟蛾

Phalera flavescens Bremer et Grey

◎ 分类地位：

鳞翅目 Lepidoptera 舟蛾科 Notodontidae。

◎ 危害综述：

十堰、襄阳、荆门、孝感、咸宁、恩施及神农架林区等地有分布。幼虫危害栎属、栗属、榆科、蔷薇科等树木和果树。1年1代，以蛹在树冠下1～18厘米土中越冬。翌年7月中下旬为羽化盛期。成虫趋光性较强，常产卵于叶背，单层排列，密集成块。8月上旬幼虫孵化，初孵幼虫群集叶背，啃食叶肉，使叶呈灰白色透明网状，后分散危害，可将叶片食光，仅留叶柄。幼虫受惊吐丝下垂。8—9月中旬为幼虫期，老熟幼虫入土化蛹越冬。

◎ 形态图：

▲成虫-王立华　摄

▲成虫-孙君伟　摄

▲中龄幼虫、老熟幼虫-罗智勇　摄

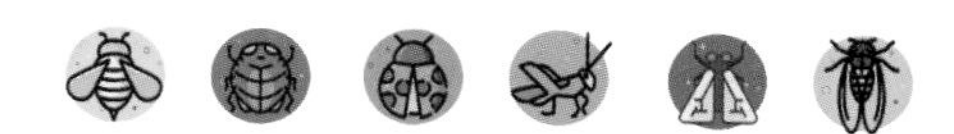

◎ 危害图：

▲野李受害状-甄爱国　摄

◎ 防治措施：

同黄二星舟蛾防治措施。

50. 美国白蛾

Hyphantria cunea Drury

◎ 分类地位：

鳞翅目 Lepidoptera 毒蛾科 Lymantriidae。

◎ 危害综述：

美国白蛾是世界检疫性害虫，已入侵我省孝感、随州、黄冈、襄阳。幼虫喜食百余种阔叶树，一般不取食针叶树。具有寄主植物杂、适应能力强、传播途径广、直接危害重、除治难度大等特点。1 年 3 代，越冬代老熟幼虫多在树冠下地表枯枝落叶、石头、瓦砾下化蛹，以蛹越冬。越冬代成虫期为 4 月中旬至 5 月中旬，第 1 代成虫期为 6 月中旬至 7 月下旬，第 2 代成虫期为 7 月下旬至 9 月上旬。越冬代成虫多产卵于树冠中、下部。1～3 龄幼虫群集取食叶背叶肉组织，留下叶脉和上表皮，使叶片呈白膜状；4 龄开始分散，危害时吐丝将被害叶缀合成网幕，网幕随龄期增大；5 龄以后弃网幕分散取食，仅留叶主脉和叶柄。

◎ 形态图：

▲第 1 代雌成虫-陈肆　摄

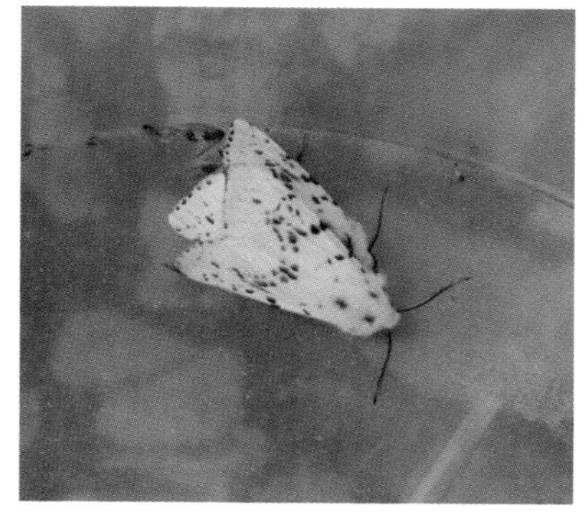

▲越冬代雄成虫-陈肆　摄

▲第 1 代雄成虫腹面-黄大勇　摄

▲成虫产卵-陈肆　摄

▲低龄幼虫-陈肆　摄

▲低龄幼虫缀网-靳觐　摄

▲老熟幼虫-黄大勇　摄

▲越冬蛹-黄大勇　摄

▲越冬场所-黄大勇　摄

◎ 危害图：

▲网幕-陈亮　摄

◎ 防治措施：

(1)加强监测。用美国白蛾性信息素或测报灯诱捕成虫，幼虫1～3龄期查网幕。

(2)物理防治。人工收集卵块，定期查剪网幕，老熟幼虫下树化蛹前树干缠绕草把诱集。树干涂粘虫胶杀下树化蛹幼虫，黑光灯诱杀成虫。

(3)生物防治。3龄期前使用美国白蛾核型多角体病毒，视温湿度释放白僵菌，2～4龄期用Bt杀虫剂，老熟幼虫期，释放白蛾周氏啮小蜂。

(4)化学防治。在幼虫2～3龄期喷撒20%杀蛉脲，4龄前25%灭幼脲，0.18%阿维菌素-Bt复配剂、1.2%烟・参碱、3%苯氧威等交替用药。

51. 野蚕蛾

Theophila mandarina Moore

◎ 分类地位：

鳞翅目 Lepidoptera 蚕蛾科 Bombycidae。

◎ 危害综述：

襄阳、荆门、孝感、荆州、黄冈和恩施等地有分布。危害桑、构及其他阔叶树，被害叶片轻则成缺刻，重则叶片、嫩梢吃光，影响林木的生长。1年4代，以卵越冬。幼虫5龄，发生期分别在4—5月、6—7月、8月、9月，有世代重叠现象。低龄幼虫群集危害梢头嫩叶，后分散危害，老熟幼虫在叶背或叶间、叶柄基部、枝条分杈处吐丝结茧化蛹。成虫羽化后不久即交尾产卵，卵多产在枝条或树干上，有数粒到百余粒，排列不整齐，末代成虫羽化后产卵越冬。

◎ 形态图：

▲雌成虫-王立华　摄

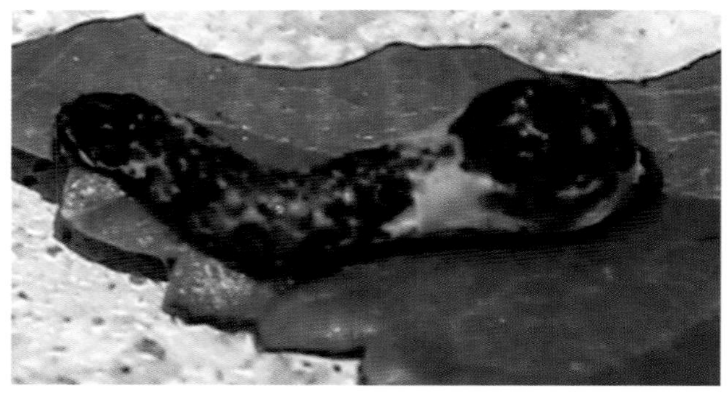

▲中龄幼虫-罗智勇　摄

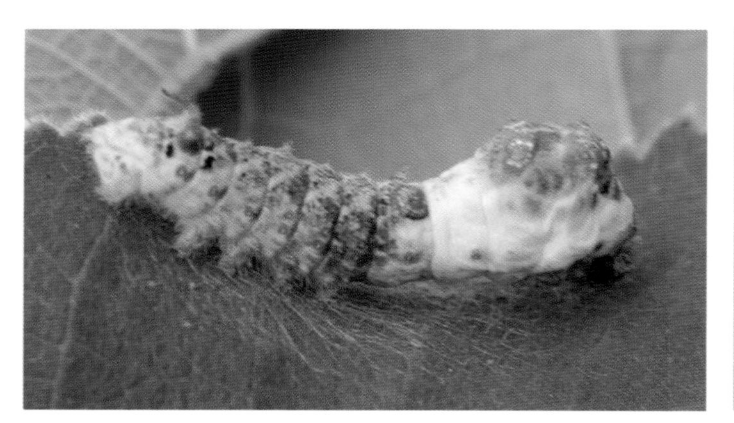

▲老熟幼虫-罗智勇　摄

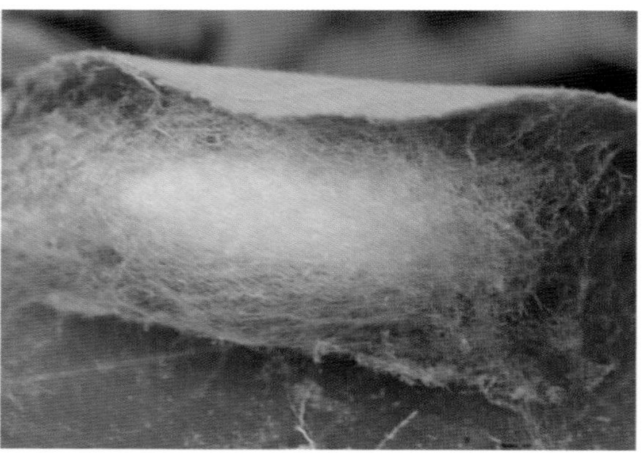

▲茧-罗智勇　摄

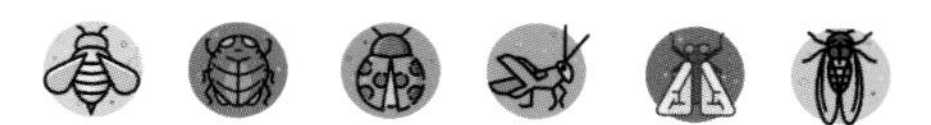

◎ 危害图：

▲危害构树、桑树-罗智勇 摄

◎ 防治措施：

(1)物理防治。刮除越冬卵，剪除虫枝。

(2)生物防治。保护和利用黑卵蜂、野蚕黑疣蜂、广大腿蜂等天敌。

(3)化学防治。采用灭幼脲、甲维盐、苦·烟、溴氰菊酯、啶虫咪等喷雾防治。

52. 樗蚕蛾

Samia cynthia cynthia Drurvy

◎ 分类地位：

鳞翅目 Lepidoptera 大蚕蛾科 Saturniidae。

◎ 危害综述：

黄石、十堰、宜昌、襄阳、孝感、荆州、咸宁和恩施等地有分布。危害核桃、柑桔、花椒、臭椿、乌桕、银杏、鹅掌楸、喜树、玉兰、樟、槐、柳等。幼虫食叶和嫩芽，轻者叶缺刻或形成孔洞，严重时叶片吃光，影响树木生长。1 年 2 代，以蛹越冬。在荆州越冬蛹于 5—6 月羽化，成虫有趋光性、能远距离飞行。卵产在叶上，聚集成堆或成块。初孵幼虫群集危害，3 龄后分散活动、可迁移。第 1 代幼虫 6—7 月危害，幼虫老熟后在树上用丝缀叶结茧化蛹。第 2 代 8—10 月幼虫危害后做茧化蛹越冬，常在枝条密集的灌木丛细枝上结茧。

◎ 形态图：

▲成虫-高嵩　摄

▲老熟幼虫-江建国　摄

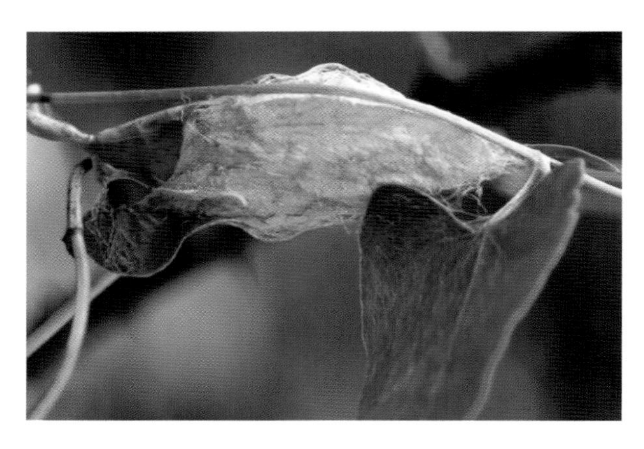

▲茧-丁强　摄

▲预蛹-丁强　摄

◎ 危害图：

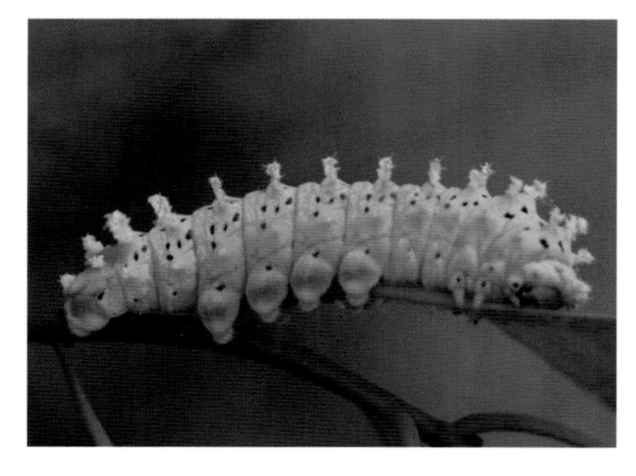

▲危害樟树-罗先祥　摄

▲危害乌桕-罗智勇　摄

◎ 防治措施：

(1)物理防治。人工摘茧,黑光灯诱杀成虫。

(2)生物防治。Bt 喷雾或喷粉。

(3)化学防治。采用灭幼脲、溴氰菊酯、甲维盐、苦·烟等喷雾或喷烟。

53. 樟蚕

Eriogyna pyretorum Westwood

◎ 分类地位：

鳞翅目 Lepidoptera 大蚕蛾科 Saturniidae。

◎ 危害综述：

黄石、十堰、宜昌、襄阳、鄂州、荆州、咸宁和恩施等地有分布。危害樟、枫杨、桦木、枫香、檫木、鹅掌楸、银杏、胡桃、板栗、枇杷、柑橘等阔叶树,严重时可将叶片吃光,影响树木生长。1 年 1 代,以蛹在枝干、树皮缝隙等处结茧越冬。翌年 2—3 月羽化,4 月为羽化盛期。成虫羽化后不久即可交尾,有强趋光性。卵产于枝干上,有几十粒至百余粒,呈单层整齐排列,上覆黑色绒毛。4 月后幼虫出现,1～3 龄幼虫群集取食,4 龄以后分散危害,5—6 月幼虫老熟结茧,7 月化蛹越夏、越冬。

◎ 形态图：

▲成虫背面-江建国　摄

▲幼虫-汪宣振　摄

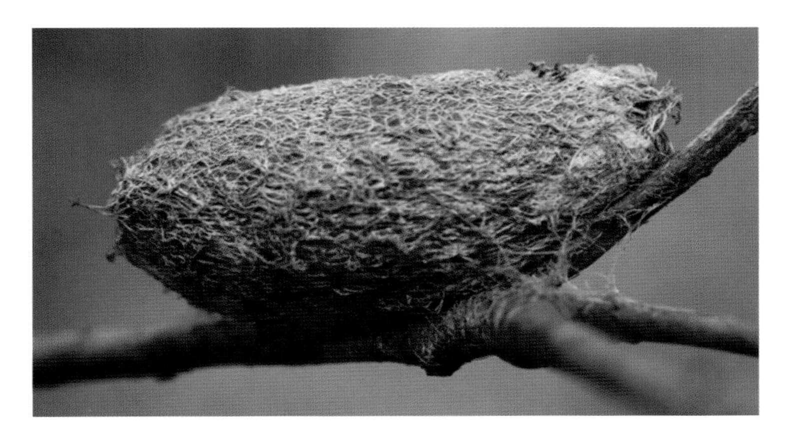

▲茧-汪宣振　摄

◎ 危害图：

▲枫香受害状-汪宣振 摄

▲核桃受害状-余红波 摄

◎ 防治措施：

同樗蚕蛾防治措施。

54. 葡萄天蛾

Ampelophaga rubiginosa rubiginosa Bremer et Grey

◎ 分类地位：

鳞翅目 Lepidoptera 天蛾科 Sphingidae。

◎ 危害综述：

武汉、黄石、十堰、鄂州、荆门、孝感、咸宁和恩施等地有分布，危害葡萄、乌蔹莓等。幼虫食叶成缺刻、孔洞，危害较严重时，常把叶片食光。1 年 2 代。以蛹在表土层越冬。翌年 5—6 月羽化，6—7 月第 1 代幼虫危害。幼虫活动迟缓，葡萄架下可见大颗粒粪便，一枝叶片食光后再转移邻近枝，7 月下旬老熟幼虫在叶上吐薄丝缀叶化蛹。8 月中旬第 2 代幼虫危害至 9 月下旬老熟幼虫入土化蛹越冬。

◎ 形态图：

▲成虫-阮建军 摄

▲成虫-高嵩 摄

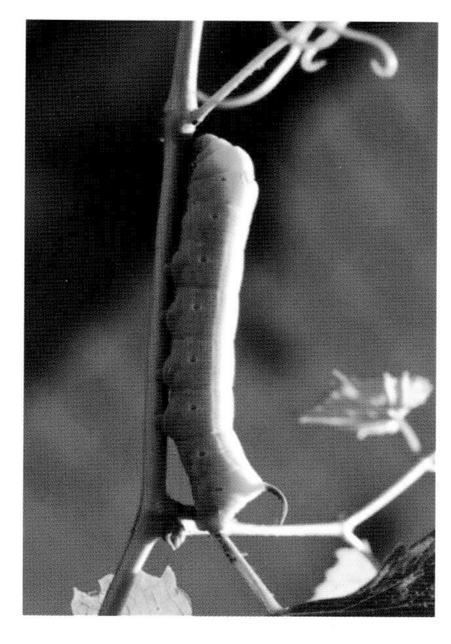

▲中龄幼虫-丁强　摄

▲老熟幼虫-丁强　摄

▲蛹-丁强　摄

◎ 危害图：

▲幼虫危害葡萄-丁强　摄

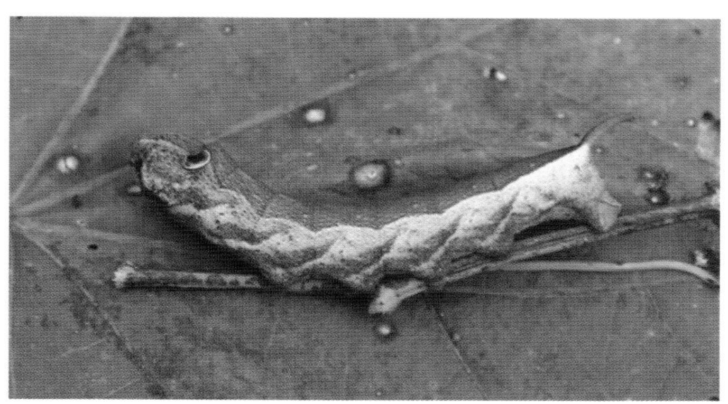

▲危害野葡萄-罗智勇　摄

◎ 防治措施：

（1）物理防治：冬季结合防寒挖蛹；黑光灯诱杀成虫。

（2）生物防治。采用 Bt 防治。

（3）化学防治。采用苯氧威、灭幼脲、甲维盐、苦・烟、杀灭菊酯等防治。

55. 苎麻夜蛾

Arcte coerula Guenee

◎ 分类地位：

鳞翅目 Lepidoptera 毒蛾科 Lymantriidae。

◎ 危害综述：

黄石、十堰、宜昌、襄阳、孝感、咸宁和恩施等地有分布。杂食性，危害麻类和阔叶乔灌木，将叶片啃食成缺刻或仅剩叶柄，大发生时食尽树叶后迁移下山，进入民宅，干扰生活。1 年 3 代，以成虫在草丛、土缝或灌木丛中越冬。3 代危害期分别在 5 月、7 月、8 月下旬，成虫有集中产卵习性和趋光性，多把卵产在植物叶片背面。幼虫体色有黄色型、黑色型，共 6 龄，初孵幼虫群集顶部叶背危害，受惊后吐丝下垂或以腹足、尾足紧抱叶片摆头吐液，3 龄后分散危害，5 龄后进入暴食期。

◎ 形态图：

▲成虫-罗祥　摄

▲成虫-彭泽洪　摄

▲黑色型幼虫-丁强　摄

▲黄色型幼虫-罗智勇　摄

危害图：

▲幼虫危害状-付应林　摄

▲槭树受害状-丁强　摄

防治措施：

(1)物理防治。摘除着卵叶片;黑光灯诱杀成虫。

(2)生物防治。采用 Bt、白僵菌喷雾或喷粉防治。

(3)化学防治。采用灭幼脲、吡虫啉、杀灭菊酯等喷雾。

56. 梨剑纹夜蛾

Acronicta rumicis Linnaeus

分类地位：

鳞翅目 Lepidoptera 夜蛾科 Noctuidae。

危害综述：

武汉、宜昌、襄阳、孝感、黄冈等地有分布。危害果树、杨树叶片,幼虫将叶片吃成孔洞或缺刻。1 年 3 代,以蛹在地上、土中或树缝中越冬。越冬代成虫于翌年 4 月下旬开始羽化,5 月中旬进入盛期,成虫有趋光性和趋化性,在补充营养后交配产卵,卵产于叶背或芽上,排列成块状;初孵幼虫先吃掉卵壳,再取食嫩叶,幼虫早期群集取食,后期分散危害。6 月中旬有幼虫老熟,老熟幼虫在叶片上吐丝结黄色薄茧化蛹。6 月下旬出现第 1 代成虫,8 月上旬出现第 2 代成虫,10 月幼虫老熟后入土结茧化蛹。

◎ 形态图：

▲雌成虫-肖云丽　摄

▲老熟幼虫-丁强　摄

◎ 危害图：

▲危害状-曾令红　摄

◎ 防治措施：

（1）物理防治。翻耕灭蛹；黑光灯诱杀成虫。

（2）生物防治。释放夜蛾绒茧蜂；Bt 防治。

（3）化学防治。采用灭幼脲、苯氧威、甲维盐、苦・烟、溴氰菊酯喷雾。

57. 曲纹紫灰蝶

Chilades pandava Horsfield

◎ 分类地位：

鳞翅目 Lepidoptera 灰蝶科 Lycaenidae。

◎ 危害综述：

武汉、宜昌、荆州等地有分布。幼虫群集于苏铁科植物新叶上危害，以至羽叶刚抽出即已被食害，只剩残缺不全的叶轴与叶柄伸长，或叶柄中空干枯，严重影响苏铁的生长和观赏价值。1 年 6～7 代，幼虫共 4 龄，1 代约 20 天，以蛹于枯枝烂叶上越冬。7 月份后世代重叠，且危害最盛。成虫羽化后次日即可交配产卵，卵散产于苏铁新抽羽叶和球花上。幼虫孵化后即群集钻蛀羽叶和球花幼嫩组织取食，并从腹部背腺中分泌出蜜质物，引来大量蚂蚁。3 龄后期即边取食边向树基部爬行，寻找隐蔽处，4 龄后基本不取食而化蛹。

◎ 形态图：

▲成虫-李传仁　摄

▲雌雄成虫-张叔勇　摄

▲幼虫-鄢超龙　摄

◎ 危害图：

▲苏铁羽叶受害状-李传仁　摄

▲苏铁花球受害状-李传仁　摄

◎ 防治措施：

(1)物理防治。冬末春初清理枯枝烂叶，减少越冬虫源；施足基肥，促进新抽羽叶及球花早生快发，避过危害盛期；羽叶刚露出时用纱网罩住，以防止雌虫产卵。

(2)化学防治。重点防治第1代幼虫，喷洒杀卵力较强的除虫脲、灭幼脲、苯氧威、甲维盐或溴氰菊酯，交替用药。

58. 宽边黄粉蝶

Eurema hecabe Linnaeus

◎ 分类地位：

鳞翅目 Lepidoptera 粉蝶科 Pieridae。

◎ 危害综述：

十堰、宜昌、襄阳、孝感、荆州、咸宁、随州等地有分布。幼虫寄主为合欢、胡枝子、皂荚、金丝桃、雀梅藤、决明等乔灌木和草本药用植物。1年2代，成虫6—10月出现。

◎ 形态图：

▲成虫-王立华　摄

▲成虫-顾勇　摄

▲幼虫、预蛹、蛹-张树勇　摄

◎ 防治措施：

(1)物理防治。人工摘蛹。

(2)生物防治。低龄幼虫期喷施Bt。

(3)化学防治。幼虫期采用灭幼脲、苯氧威、甲维盐、溴氰菊酯喷雾。

59. 樟中索叶蜂

Mesoneura rufonota Rohwer

◎ 分类地位：

膜翅目 Hymenoptera 叶蜂科 Tenthredinidae。

◎ 危害综述：

武汉、黄石、宜昌、襄阳、荆门、孝感、荆州、黄冈、咸宁和恩施有分布。幼虫危害樟树叶，严重时将整株树叶吃光，造成嫩枝干枯，严重影响樟树生长和绿化效果。1年2～3代，以老熟幼虫在土中结茧越冬。翌年3月越冬幼虫化蛹、羽化，成虫多孤雌生殖，卵单产于嫩叶组织内，4月下旬出现第1代幼虫，6月出现第2代幼虫。初孵幼虫群集取食嫩叶、嫩梢，以后分散危害，幼虫10龄，老熟后入土结茧，茧多分布于树干基部周围，幼虫及蛹均有滞育现象，世代重叠。

◎ 形态图：

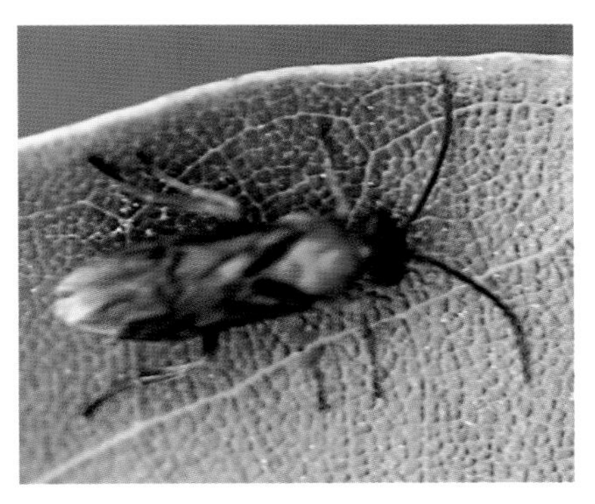

▲成虫-江建国　摄

▲成虫-汪宣振　摄

▲低龄幼虫-罗智勇　摄

▲幼虫-张建华　摄

◎ 危害图：

▲苗圃幼树受害状-喻卫国　摄

▲樟树嫩叶嫩梢受害状-丁强　摄

◎ 防治措施：

(1)物理防治。冬季翻耕灭蛹，低龄幼虫期群集时人工捕捉幼虫。

(2)生物防治。发生初期采用 Bt、核型多角体病毒防治。

(3)化学防治。第 2 代幼虫采用灭幼脲、苦·烟、甲维盐、氯氰菊酯喷雾。

60. 中华锉叶蜂

Pristiphora sinensis Wang

◎ 分类地位：

膜翅目 Hymenoptera 叶蜂科 Tenthredinidae。

◎ 危害综述：

孝感、荆州等地有分布，危害桃、碧桃、梨、李、樱桃等。幼虫群聚食叶，严重时将叶片食光，影响树木生长。1 年 2 代，以蛹在表土层越冬，翌年 5 月羽化，第二代老熟幼虫入土化蛹越冬。

◎ 形态图：

▲成虫-付应林　摄

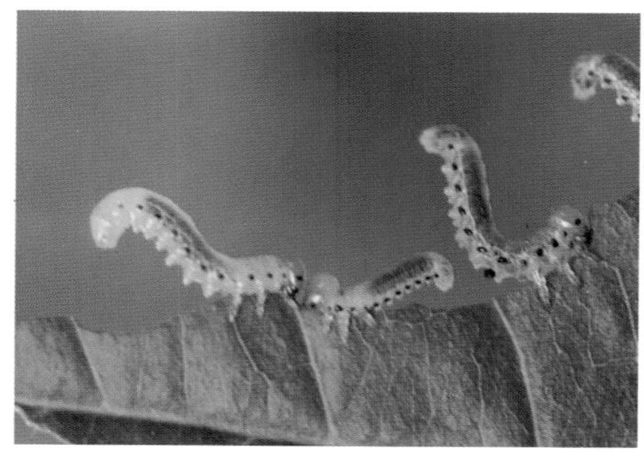
▲幼虫-付应林　摄

◎ 危害图：

▲桃树受害状-李传仁　摄

◎ 防治措施：

(1)物理防治。冬季翻耕灭蛹。

(2)生物防治。发生初期采用 Bt 防治。

(3)化学防治。幼虫 3 龄期前，采用灭幼脲、苦・烟、甲维盐、氯氰菊酯喷雾。

61. 桦三节叶蜂

Arge pullata Zaddach

◎ 分类地位：

膜翅目 Hymenoptera 三节叶蜂科 Argidae。

◎ 危害综述：

神农架林区、十堰、宜昌等地有分布。幼虫危害红桦叶，暴发危害时致红桦林花叶、光杆，影响树木生长和生态功能发挥。该虫 1 年 1 代，幼虫 4 龄，在桦树皮下集中结茧以预蛹越冬。翌年 5 月化蛹、羽化，6 月产卵，卵产在桦叶边缘，6—7 月幼虫危害活动，8 月结茧越冬。

◎ 形态图：

▲成虫-华祥　摄

▲卵粒-陈亮　摄

▲低龄幼虫、幼虫-陈亮　摄

▲茧-冯春莲　摄

▲蛹-华祥　摄

◎ 危害图：

▲单株危害-赵飞　摄

▲成片危害-赵飞　摄

◎ 防治措施：

(1)物理防治。9月至翌年4月前，人工摘茧。

(2)生物防治。将桦三节叶蜂茧装入封口的纱网，网目大小以天敌可出、叶蜂不能出为限，挂在林间，实施天敌防治。

(3)化学防治。6月下旬用苯氧威、苦·烟乳油喷雾或喷烟。

62. 厚朴枝角叶蜂

Cladius magnoliae Xiao

◎ 分类地位：

膜翅目 Hymenoptera 叶蜂科 Tenthredinidae。

◎ 危害综述：

宜昌、恩施等地有分布。幼虫危害厚朴、凹叶厚朴叶片，影响树木生长。1年1代，老熟幼虫在树冠下的表土层1～6厘米内筑土室以预蛹越冬，翌年5月上旬开始化蛹，5月中旬始见成虫，6月上中旬为成虫羽化盛期，7月下旬羽化结束。成虫羽化后需补充营养再交配产卵，卵块呈条状，集中产于叶主、侧脉两侧表皮层。幼虫6龄，群集危害，6—9月上旬均可见幼虫，8—9月上旬老熟幼虫下树入土越冬。

◎ 形态图：

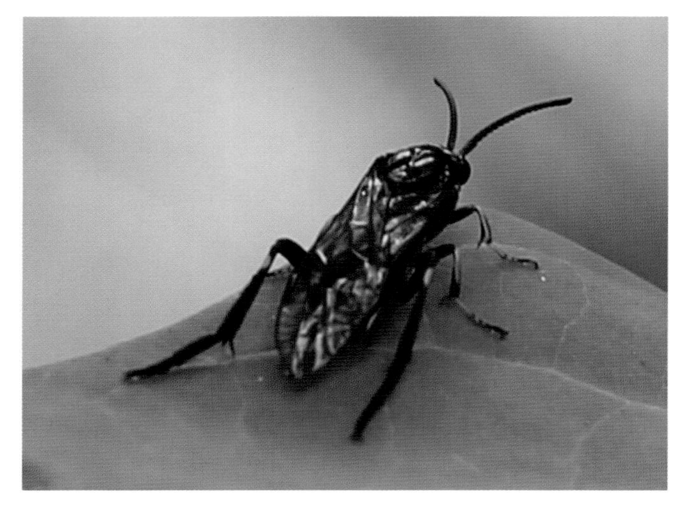

▲成虫-卢宗荣　摄

▲成虫-江建国　摄

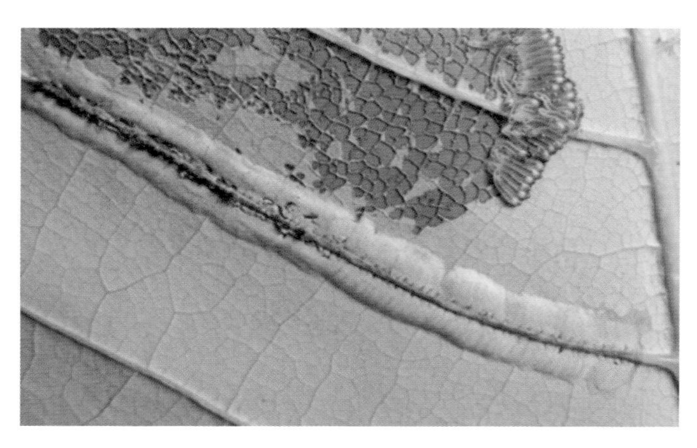

▲产卵痕迹-陈景升　摄

▲初孵幼虫-龚天奎　摄

▲老熟幼虫-张兴林　摄

▲预蛹-江建国　摄

▲蛹（背面、腹面）-卢宗荣　摄

◎ 危害图：

▲初孵幼虫危害-陈景升　摄

▲低龄幼虫危害-俞学武　摄

▲中龄幼虫危害-俞学武　摄

▲老熟幼虫危害-张兴林　摄

◎ 防治措施：

（1）生物防治。2 龄期幼虫喷 Bt，老熟幼虫下树结茧时撒白僵菌粉使其带菌越冬。

（2）化学防治。2～3 龄期用灭幼脲、苯氧威、苦·烟、溴氰菊酯乳油喷雾或喷烟。

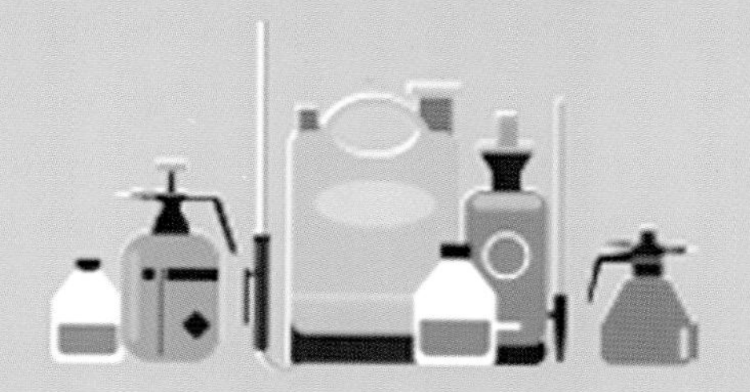

II 钻蛀害虫及防治

Ⅱ-1 天牛类

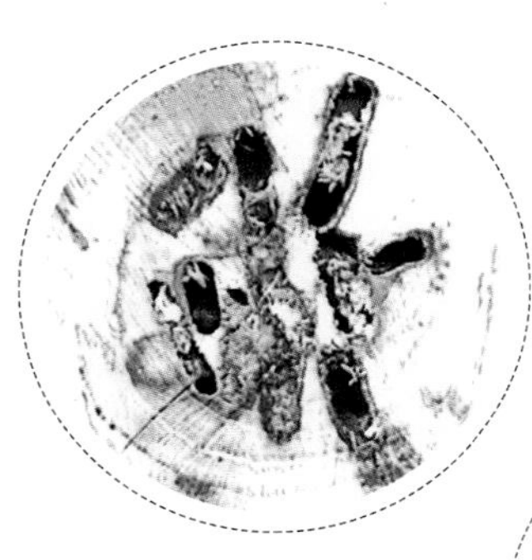

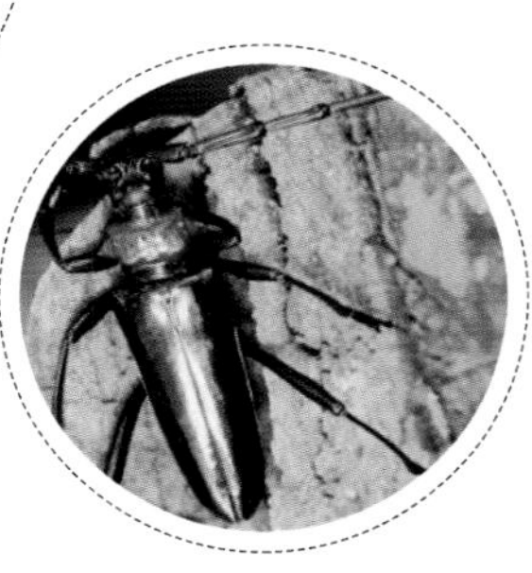

63. 星天牛

Anoplophora chinensis Forster

◎ 分类地位：

鞘翅目 Coleoptera 天牛科 Cerambycidae。

◎ 危害综述：

全省分布。危害多种阔叶用材、经济林树种和观赏花卉。1 年 1 代，以幼虫在被害寄主木质部内越冬。翌年 3 月越冬幼虫开始活动，4 月化蛹，5 月成虫羽化。成虫在树干下部或主侧枝下部皮层刻槽产卵，幼虫孵化后即从产卵处开始蛀食，在表皮和木质部之间形成不规则的扁平虫道，后向木质部蛀食，蛀至木质部 2～3 厘米深就转向上蛀，上蛀高度不一，蛀道加宽，并开有通气孔、排出粪便。9 月后，绝大部分幼虫转头向下，沿原虫道向下移动，开辟新虫道钻蛀危害和越冬。

◎ 形态图：

▲成虫-汪宣振　摄

▲雄成虫-喻卫国　摄

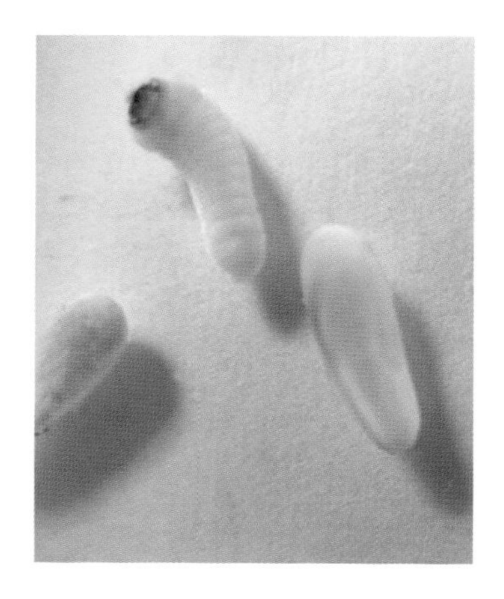

▲卵、初孵幼虫-刘心宏　摄

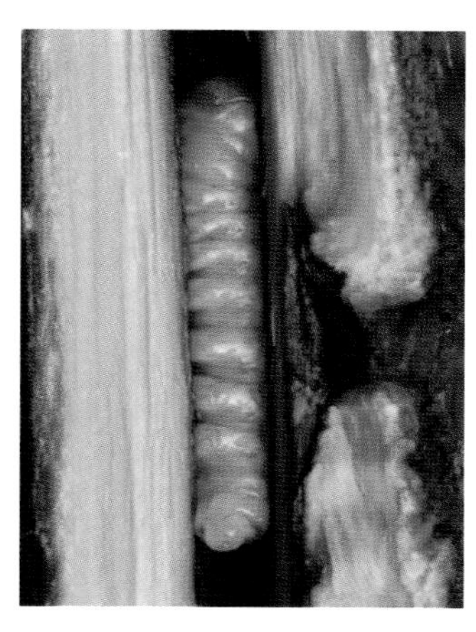

▲老熟幼虫-江建国　摄

▲蛹-伍兰芳　摄

◎ 危害图：

▲悬铃木受害状-李传仁　摄

▲羽化孔-鄢超龙　摄

◎ 防治措施：

（1）物理防治。在5—6月成虫发生期人工捕杀；成虫产卵期或产卵后检查树干基部，寻找产卵刻槽、产卵裂口和流出泡沫状胶质时，用刀将被害处挖开，或敲击杀卵和幼虫。

（2）化学防治。发现树下虫粪堆时，找到蛀口，将蛀道内虫粪掏出，插入药签或注入氯胺磷等并封堵蛀孔熏杀幼虫。

64. 光肩星天牛和黄斑星天牛

光肩星天牛 *Anoplophora glabripennis* Motschulsky；
黄斑星天牛 *Anoplophora nobilis* Ganglbauer

◎ 分类地位：

鞘翅目 Coleoptera 天牛科 Cerambycidae。

◎ 危害综述：

全省均有分布。主要危害杨、柳、榆、槭等阔叶树，幼虫蛀食树干，受害树木材质量降低。1年发生1代或2年发生1代，以卵、幼虫或蛹在树木内越冬，4月越冬幼虫开始活动，5—6月为蛹期，6月出现成虫。产卵时大树刻槽部位多在主干与侧枝分杈处，树越大，刻槽部位越高，小树产卵在主干中下部和基部。初孵幼虫先在树皮和木质部之间取食，后蛀入木质部并向上蛀食。幼虫蛀入木质部以后，会回到木质部外缘，取食边材和韧皮，蛀孔有流液，粪便呈碎屑状，气温降到6℃以下越冬。

◎ 形态图：

▲光肩星天牛成虫-王建敏 摄

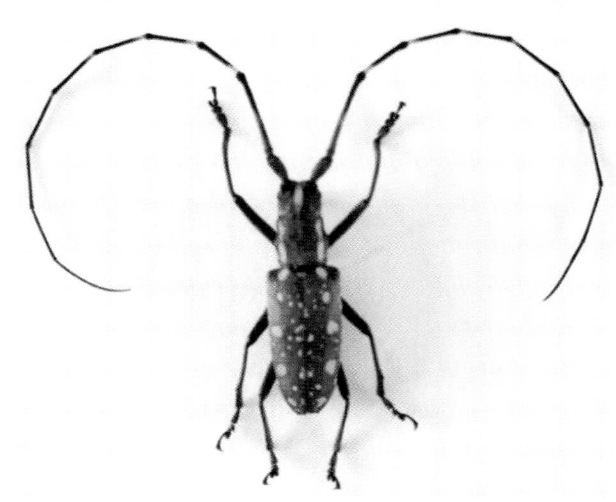

▲黄斑星天牛成虫-陈传红 摄

◎ 危害图：

▲黄斑星天牛危害-丁强 摄

▲光肩星天牛危害栾树-李传仁 摄

◎ 防治措施：

(1)物理防治。人工捕杀，卵期、初孵阶段定期在林地查刻槽痕迹，锤击树皮杀卵、初孵幼虫；及时清理虫害木，对木材进行粉碎加工利用，避免天牛羽化扩散。

(2)化学防治。成虫羽化期采用噻虫啉、高效氯氟氰菊酯微胶囊悬浮剂喷雾；幼虫期采用药签插孔，吡虫啉、噻虫啉打孔注药。

65. 黑星天牛

Anoplophora leechi Gahan

◎ 分类地位：

鞘翅目 Coleoptera 天牛科 Cerambycidae。

◎ 危害综述：

武汉、鄂州、恩施等地有分布。危害板栗、茅栗等阔叶树，幼虫环绕树干蛀食，轻则树叶发黄、空苞增多，重则叶枯、枝枯、整株衰败；成虫啃食嫩枝皮补充营养，造成枝条感病死亡。2 年 1 代，以幼虫在树干内越冬 2 次，第 3 年 4—5 月化蛹，6—7 月为成虫期。成虫羽化后在蛹室内停留数天，羽化飞出后补充营养、交尾、产卵，产卵部位多在 1 米以下的主干上。幼虫第 1 年蛀入树皮与边材，造成横向蛀道，第 2 年蛀入木质部，在被害处下方有排粪孔，从孔中排出新鲜虫粪堆积于地面。第 3 年幼虫于髓心附近建蛹室化蛹、羽化。

◎ 形态图：

▲成虫-肖云丽　摄

◎ 防治措施：

（1）物理防治。成虫期捕捉；产卵期检查树干产卵痕，用小刀刮除或刺破卵粒；发现树干有新排粪孔时用铁丝掏出虫粪、刺死幼虫。

（2）化学防治。找新鲜排粪孔清除木屑，注吡虫啉、甲维盐，或插药签熏杀幼虫。

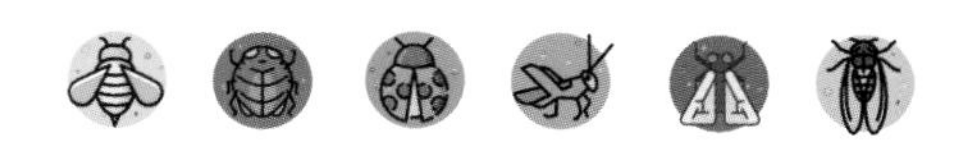

66. 栗山天牛

Mallambyx raddei Blessig

◎ 分类地位：

鞘翅目 Coleoptera 天牛科 Cerambycidae。

◎ 危害综述：

武汉、十堰、荆门、孝感、随州等地有分布。危害栎、栗、桑、柳、杨、悬铃木等阔叶树，以幼虫蛀食树干，被害处韧皮部发黑、腐烂，影响养分输送，雨水进入蛀道，木质部变黑腐烂，导致树皮脱落、木材失去工艺价值或整株干枯死亡。该虫 3 年 1 代，以幼虫在蛀道越冬。成虫 6 月出现，啃食树皮、吸食树液以补充营养，7 月为羽化盛期。成虫有集群习性且趋光性较强，产卵选择在木栓层厚、树皮裂缝深的位置，7 月下旬为产卵盛期，8 月上旬为孵化盛期。当年幼虫蜕皮 1～2 次，10 月越冬；翌年 4 月开始活动，蜕皮 1～2 次，10 月越冬；第 3 年幼虫蜕皮 2～3 次，10 月以老熟幼虫越冬，幼虫期约 32 个月，第 4 年 5 月开始化蛹。

◎ 形态图：

▲雌成虫-邓学基　摄

▲雄成虫-王立华　摄

◎ 防治措施：

（1）物理防治。成虫期人工捕杀、灯光诱杀。

（2）化学防治。幼虫期从虫道注入氯胺磷、毒死蜱、吡虫啉等或浸药棉塞孔、药签插孔。

67. 家茸天牛

Trichoferus campestris Faldermann

◎ 分类地位：

鞘翅目 Coleoptera 天牛科 Cerambycidae。

◎ 危害综述：

宜昌、孝感、荆州等地有分布。危害松、刺槐、桦、杨、柳、苹果、柚、枣、丁香、黄芪等针阔叶树木及药材，也是农业和仓库害虫，树木受害后长势衰弱，有的枯死。1 年 1 代，以幼虫在木材内越冬。翌年 4—5 月化蛹，5—6 月成虫羽化，成虫有趋光性，卵产在枝干树皮缝中，尤喜产卵于伐倒木，使得有些木制品、建材带虫入室。幼虫在木材内蛀不规则扁宽坑道，11 月越冬。

◎ 形态图：

▲成虫-王立华　摄

◎ 防治措施：

同星天牛防治措施。

68. 云斑白条天牛

Batocera lineolata Chevrolat

◎ 分类地位：

鞘翅目 Coleoptera 天牛科 Cerambycidae。

◎ 危害综述：

全省分布。危害多种阔叶树，受害后树势衰弱、木材工艺价值降低。2 年 1 代，第 1 年以幼虫越冬，第 2 年继续危害至化蛹、羽化后在蛹室内越冬，越冬成虫第 3 年 4 月飞出，成虫取食蔷薇、杨、柳、桑树嫩枝皮、叶，补充营养后在树干上刻槽产卵，幼虫蛀食韧皮部后进入木质部，蛀孔外排泄物为粗木丝状，受害处变黑胀裂，有树液伤流，多条虫蛀道互不相通。

◎ 形态图：

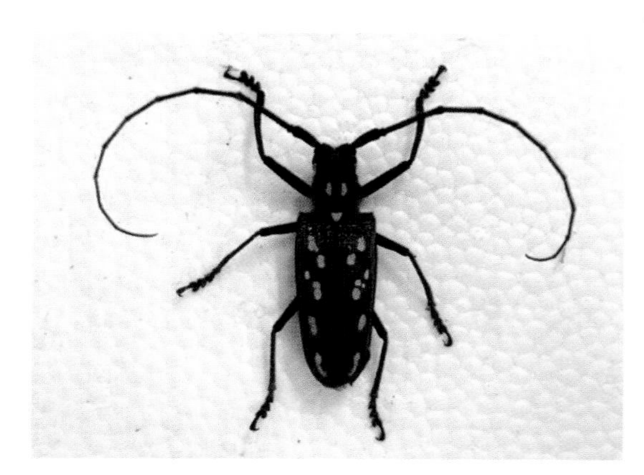

▲雌成虫-丁强　摄

▲雄成虫-周宇　摄

▲卵-郭先梅　摄

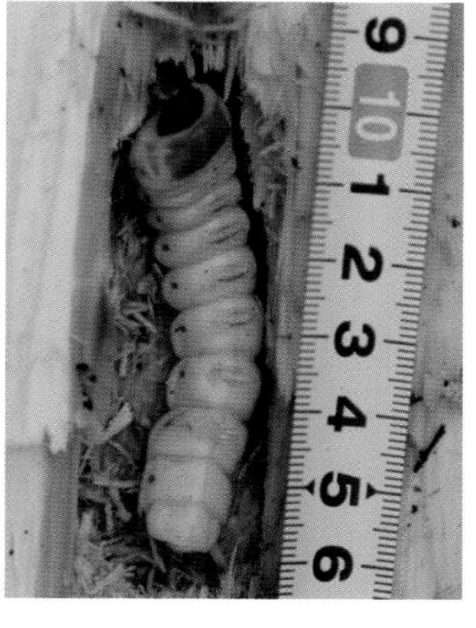

▲老熟幼虫-江建国　摄

▲蛹-付春翼　摄

◎ 危害图：

▲杨树刻槽痕-杨丽　摄

▲成虫食柳树皮-王建敏　摄

▲黑杨幼树受害状-丁强　摄

▲枫杨受害状-黄大勇　摄

◎ 防治措施：

(1)物理防治。成虫期灯诱或在野蔷薇上人工捕捉；卵期人工锤卵；及时清理受害衰弱木、濒死木。

(2)化学防治。成虫期在树冠、树干及天牛喜食下木，喷噻虫啉、高效氯氟氰微囊悬浮剂；新蛀孔插药签后封泥熏杀。

69. 桑天牛(桑粒肩天牛)

Apriona germari Hope

◎ 分类地位:

鞘翅目 Coleoptera 天牛科 Cerambycidae。

◎ 危害综述:

全省均有分布。危害多种阔叶树,对杨树幼林危害大,果树受害后产量显著下降、枯枝、枯干、整株枯死。2 年 1 代,以幼虫越冬。5—8 月成虫羽化、产卵,成虫啃食桑、杨、柳、蔷薇嫩枝皮以补充营养,在枝干分权处咬"U"形刻槽产卵。幼虫孵化后自枝向主干下方蛀食,有的达根部,蛀道定距离、同向开排粪孔,蛀道长度为 1.5～2.5 米,排粪孔间距为 15～20 厘米。幼虫在最下一个排粪孔的下方取食,蛀孔有伤流,虫粪条状排出堆积于地面,老熟幼虫做羽化孔后树皮隆起。

◎ 形态图:

▲成虫-李传仁 摄

▲卵-张如斌 摄

▲初孵幼虫-丁强 摄

▲老熟幼虫-王建敏 摄

◎ 危害图：

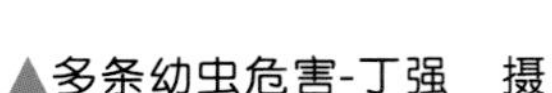

▲多条幼虫危害-丁强　摄

▲排泄孔、伤流-丁强　摄

◎ 防治措施：

(1)物理防治。春末初夏在蛀道下方找树皮隆起的待羽化孔，插入树枝堵死成虫外出（“两孔法”）。

(2)化学防治。在最下面新排粪孔插入药签，再用黏土封闭自下而上 4 个排粪孔。成虫期采用 3%噻虫啉、10%高效氯氟氰微囊悬浮剂对林地及周边桑、构树喷冠。

70. 松褐天牛（松墨天牛）

Monochamus alternatus Hope

◎ 分类地位：

鞘翅目 Coleoptera 天牛科 Cerambycidae。

◎ 危害综述：

全省均有分布。主要危害马尾松、华山松、黄山松等。从疫木中羽化出来的成虫携带大量松材线虫，在补充营养啃食树皮时将松材线虫扩散，是传播松材线虫病的主要媒介昆虫。1 年 1 代，以幼虫在木材蛀道内越冬。幼虫 1～2 龄在树皮的下内皮及边材处取食，3 龄后蛀向树干木质部，蛀屑排出树皮外堆积于地面。以幼虫在树内越冬，4 月越冬幼虫开始化蛹，羽化后滞留蛹室，5—10 月成虫羽化，5—7 月为羽化高峰期。成虫补充营养后产卵，选择衰弱树且多产卵于树干或粗壮枝干上，咬开树皮刻浅槽，排卵粒数不等，幼虫孵化后钻蛀危害至 11 月中下旬越冬。

◎ 形态图：

▲雌、雄成虫-卢宗荣　摄

▲卵-丁强　摄

▲雌、雄成虫交尾-丁强　摄

▲雌成虫-张建华　摄

▲1～5龄幼虫-卢宗荣　摄

▲幼虫-江建国　摄

▲蛹、蛹室-张建华　摄

◎ 危害图：

▲啃食皮层痕迹-丁强　摄

▲刻槽痕迹-丁强　摄

▲幼虫排泄物-陈肆　摄

▲幼虫皮下危害-丁强　摄

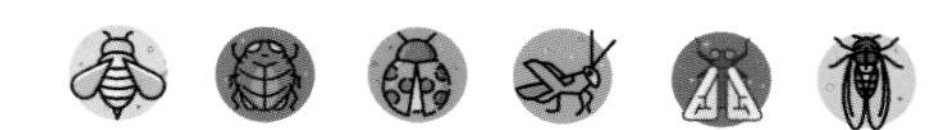

◎ 防治措施：

(1)物理防治。使用诱捕器、诱木诱杀成虫。

(2)生物防治。释放天敌，可释放管氏肿腿蜂、川硬皮肿腿蜂、花绒寄甲等，增加林间天敌种群密度，降低天牛数量。

(3)化学防治。成虫期喷施噻虫啉、氯氰菊酯（绿色威雷）微胶囊剂防治。12 月至翌年 2 月，采用甲维盐、吡虫啉等树干注射剂进行打孔注药防治。

71. 双条杉天牛

Semanotus bifasciatus Motschulsky

◎ 分类地位：

鞘翅目 Coleoptera 天牛科 Cerambycidae。

◎ 危害综述：

武汉、黄石、宜昌、荆门、荆州、黄冈、咸宁、潜江、恩施及神农架林区有分布。危害柏类、罗汉松、杉木、柳杉等。幼虫多在树干 2 米以下蛀食主干皮层和边材，蛀孔有流脂，致树势衰弱、针叶逐渐枯黄，造成风折，甚至整株枯死。1 年 1 代，以成虫在蛹室越冬；部分滞育为 2 年 1 代，第 1 年以幼虫越冬，第 2 年以蛹、成虫越冬。3—5 月成虫出孔不补充营养，交尾后产卵于树皮缝内。初孵幼虫取食皮层，后蛀食韧皮和边材，边材虫道扁平，木质部蛀道近圆形，近边材筑蛹室，8—10 月化蛹，9—11 月羽化。

◎ 形态图：

▲成虫

▲卵

▲幼虫

◎ 危害图：

▲双条杉天牛危害柏树-赵勇 摄

◎ 防治措施：

(1)营林措施。清理虫害木、衰弱木、被压木等。

(2)物理防治。成虫羽化前在树干 2 米处扎草帘诱集成虫；林缘堆放新鲜侧柏木段诱集成虫产卵、去皮灭卵杀幼虫；在初孵幼虫危害处刀刮树皮、木锤敲击流脂点杀幼虫。

(3)生物防治。释放管氏肿腿蜂、蒲螨。

(4)化学防治。成虫期采用噻虫啉、氯氰菊酯(绿色威雷)微胶囊剂林内喷干；大树虫孔注药、药棉塞孔、药签插孔。

72. 粗鞘双条杉天牛

Semanotus sinoauster Gressitt

◎ 分类地位：

鞘翅目 Coleoptera 天牛科 Cerambycidae。

◎ 危害综述：

咸宁、十堰、恩施等地有分布。幼虫危害杉木、柳杉等的主干，且多在树干 2 米以下，树木输导功能受损后树势衰弱、针叶逐渐枯黄，上半部枯死造成风折，甚至整株枯死。1 年 1 代，以成虫在树干木质部的蛹室内越冬；10%～50%的滞育为 2 年 1 代，第 1 年以幼虫越冬，第 2 年以蛹、成虫越冬，其幼虫期约 540 天、蛹期 60 天、成虫期 80 天。3—5 月上旬成虫出孔，不补充营养，交尾后产卵于树皮缝内。初孵幼虫取食皮层，后蛀食韧皮部和边材，老熟幼虫蛀食木质部，使树干形成空洞，蛹室靠近边材。

◎ 形态图：

▲成虫-章武星　摄

◎ 危害图：

▲危害状-丁强　摄

◎ 防治措施：

同双条杉天牛防治措施。

73. 蓝墨天牛

Monochamus guerryi Pic

◎ 分类地位：

鞘翅目 Coleoptera 天牛科 Cerambycidae。

◎ 危害综述：

恩施海拔 1000 米以下山区有分布。危害栗属、栎属、栲属等。树木受害轻的影响生长和结实，严重的枝干折断、树势衰弱减产，严重影响经济效益。2 年 1 代，以幼虫在树内越冬，第 3 年 4 月老熟幼虫化蛹，5—8 月羽化，补充营养后交尾产卵，6 月为产卵盛期。成虫在 3～6 厘米光滑的枝干上环状刻槽达木质部后产卵数粒，次年继续刻槽产卵，树势越好刻槽越多，形成一树多虫危害。刻槽处增生形成凸出唇状环的“虫节”，虫节轻微凸出、节内排泄物较少的为当年新危害的初龄幼虫，虫节凸出显著、有大量排泄物者为上年危害。初孵幼虫在韧皮部与木质部之间取食，3 龄后逐渐向木质部中央蛀食，幼虫期超过 20 个月，老熟幼虫蛀道长约 20 厘米。

◎ 形态图：

▲成虫-陈景升　摄

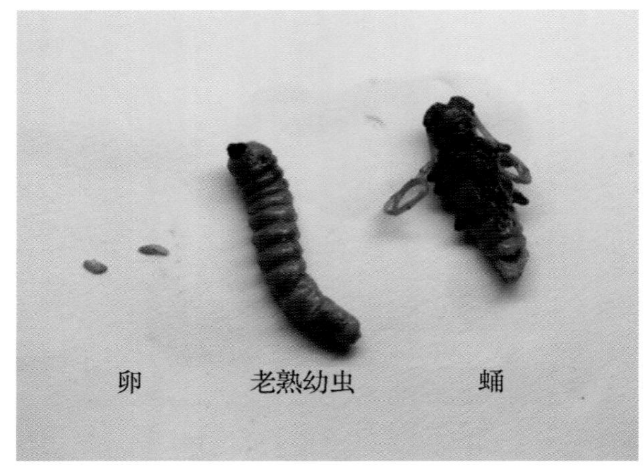

▲卵、老熟幼虫、蛹-卢宗荣　摄

◎ 危害图：

▲当年刻槽

▲陈旧刻槽

▲刻槽弧形隆起-卢宗荣　摄

▲板栗受害状-卢宗荣　摄

◎ 防治措施：

（1）物理防治。冬季剪除虫枝、濒死树连根挖出处理减少越冬基数；生长季节发现虫枝及早剪除销毁；成虫羽化产卵前人工捕捉；对新刻槽锤击破坏卵粒和初孵幼虫。

（2）化学防治。用吡虫啉、毒死蜱等内吸剂灌注、涂抹新刻槽后用塑料薄膜包扎熏杀。

74. 桃红颈天牛

Aromia bungii Faldermann

◎ 分类地位：

鞘翅目 Coleoptera 天牛科 Cerambycidae。

◎ 危害综述：

全省分布。危害桃、樱、李、梅等蔷薇科多种果树、观赏花木，该虫 2 年发生 1 代，以幼虫在蛀道内越冬。6 月成虫羽化高峰，交尾后产卵于主干、主枝杈缝隙、表皮裂缝内，无刻槽。7 月始见初孵幼虫在皮层下取食，第 1 年在皮层中越冬，第 2 年钻蛀木质部，蛀道有的进入地下根部，蛀道扁宽、不规则，充塞大量红褐色虫粪、蛀屑（粗锯末状），部分外排；第 3 年春继续蛀害，幼虫期约 23 个月；4—6 月幼虫老熟在蛀道内做室化蛹。被害树易流胶、流液，树势衰弱、结果下降，甚至树木枯死。

◎ 形态图：

▲雌成虫-江建国　摄

▲雄成虫-姚运州　摄

▲卵粒-徐正红 摄

▲幼虫-付应林 摄

◎ 危害图：

▲主干受害状-邓学基 摄

▲蛀道-叶中亚 摄

▲基部受害状-叶中亚 摄

▲根部受害状-丁强 摄

◎ 防治措施：

（1）物理防治。秋、冬季树干基部、主枝涂白减少产卵。

（2）化学防治。清理树干上新鲜排粪孔，向蛀孔灌注吡虫啉稀释液或插药签。

Ⅱ-2 象甲、蠹虫类

75. 萧氏松茎象

Hylobitelus xiaoi Zhang

◎ 分类地位：

鞘翅目 Coleoptera 象甲科 Curculionidae。

◎ 危害综述：

分布于十堰、宜昌、襄阳、荆门、黄冈和恩施等地。危害湿地松、火炬松、马尾松、华山松、黄山松等，幼虫在干基韧皮部与木质部之间取食，影响生长和松脂产量，重则导致树木死亡。2 年或 3 年 1 代，以幼虫、蛹、成虫越冬。成虫 3 月中下旬出羽化孔补充营养，善爬行，极少飞翔。产卵于树干基部树皮下，卵期 4 月下旬至 9 月，12 月上旬幼虫越冬至翌年 3 月中旬，8 月中旬幼虫化蛹，9 月中旬成虫羽化后在蛹室内越冬，部分以蛹越冬，到第 3 年羽化为成虫。湿地松上的排泄物为酱糊状，紫红色或灰白色；马尾松上的排泄物为白色或淡黄色，3 龄前呈粉状，3 龄后呈条块状。

◎ 形态图：

▲成虫-鄢超龙　摄

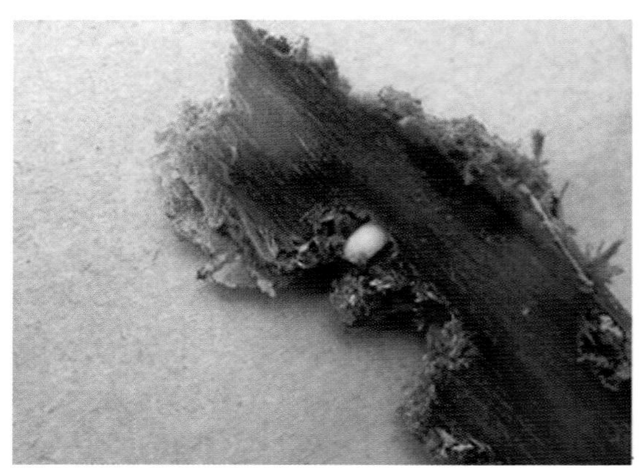

▲卵

▲幼虫-张建华　摄

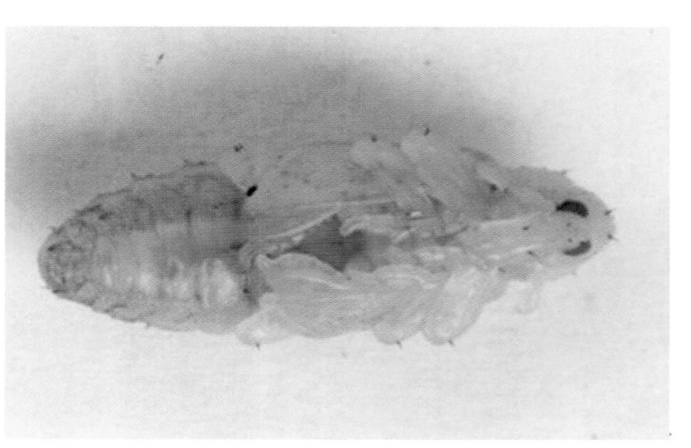

▲蛹

◎ 危害图：

▲湿地松受害状-陈亮　摄

▲马尾松受害状-丁强　摄

◎ 防治措施：

(1)物理防治。清理杂灌及地被物，人工灭杀幼虫、蛹和成虫，羽化期地面捕捉成虫。

(2)生物防治。林地喷撒白僵菌、绿僵菌粉剂。

(3)化学防治。采用阿维菌素乳油虫孔注药，吡虫啉涂树、喷干。

76. 栗实象

Curculio davidi Fairmaire

◎ 分类地位：

鞘翅目 Coleoptera 象甲科 Curculionidae。

◎ 危害综述：

全省分布。主要危害栗属、栎类种实。该虫以幼虫危害栗实，栗实被害率可达 80%以上。2 年 1 代，老熟幼虫在土中滞育，第 3 年 6—7 月在土内化蛹，7—9 月羽化出土后取食花蜜、嫩叶、新芽和幼果来补充营养，喜食茅栗，交尾后产卵在果苞上。8—9 月为产卵盛期，成虫有假死性。

◎ 形态图：

▲雌成虫-王立华　摄

▲雄成虫-肖云丽　摄

▲幼虫-丁强　摄

▲成虫产卵-余小军　摄

◎ 危害图：

▲幼虫脱果孔痕-徐正红　摄

▲栗实受害状-丁强　摄

◎ 防治措施：

（1）物理防治。秋冬季清理栗园及附近茅栗、栎类，耕翻杀虫；及时采收、收净栗苞，减少幼虫脱果入土基数；堆果及脱粒、晒果场地选用水泥地面或其他坚硬场地，防止脱果幼虫入土越冬。

（2）化学防治。羽化产卵期在树冠喷苯氧威、甲维盐、吡虫啉等，10 天 1 次交替用药。

77. 剪枝栗实象

Cyllorhynchites cumulatus Voss

◎ 分类地位：

鞘翅目 Coleoptera 象甲科 Curculionidae。

◎ 危害综述：

十堰、宜昌、襄阳、荆门、孝感、黄冈、随州和恩施等地有分布。危害栗属类种实，危害严重时减产 50%以上。1 年 1 代，以老熟幼虫在土中越冬，翌年 5 月化蛹，5—6 月底成虫羽化出土上树取食花序、嫩栗苞，补充营养后交尾产卵。成虫产卵、剪枝危害期为 6—7 月，在栗苞上刻槽产卵并用碎屑封口，距栗苞 3～6 厘米处咬断果枝使果实坠落，部分果枝因皮层未断仍挂在树上。幼虫 6 月孵化，8 月老熟幼虫脱果入土越冬。

◎ 形态图：

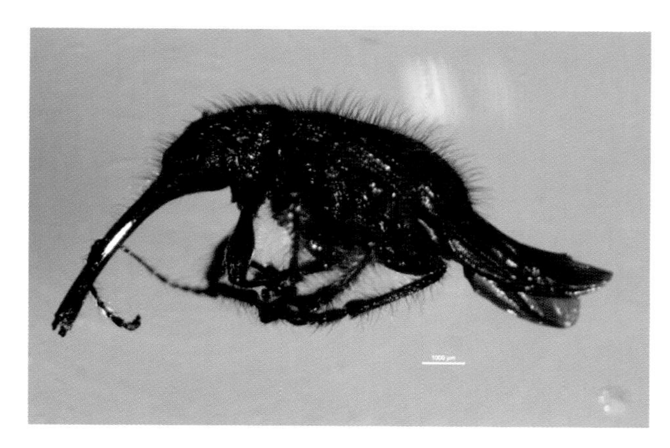

▲成虫-王立华　摄

▲雌成虫-江建国　摄

◎ 危害图：

▲板栗果枝断落-肖艳华　摄

▲板栗果枝断落-罗智勇　摄

◎ 防治措施：

（1）物理防治。拾取落地虫果枝并及时销毁。

（2）化学防治。成虫补充营养产卵阶段，采用灭幼脲、甲维盐、吡虫啉等，10 天 1 次，交替用药。

78. 板栗雪片象

Niphades castanea Chao

◎ 分类地位：

鞘翅目 Coleoptera 象甲科 Curculionidae。

◎ 危害综述：

黄冈、孝感等地有分布。危害栗属，严重的栗园落果超过 60%。1 年 1 代，以老熟幼虫在落苞越冬。翌年 3—6 月化蛹，蛹期约 25 天。成虫 5—7 月羽化，羽化后在栗苞内潜伏约 10 天。5 月中旬成虫上树，取食雄花序、芽、叶、叶柄及嫩枝补充营养，成虫善爬行，有假死性。6 月交尾、产卵，卵多产于苞梗，少数产在苞顶刺稀处。卵约 10 天孵化，幼虫先后蛀食苞梗、苞皮和栗实，栗苞自 8 月上旬开始脱落，直到板栗采收。该虫常与剪枝栗实象、栗实象混合发生。

◎ 形态图：

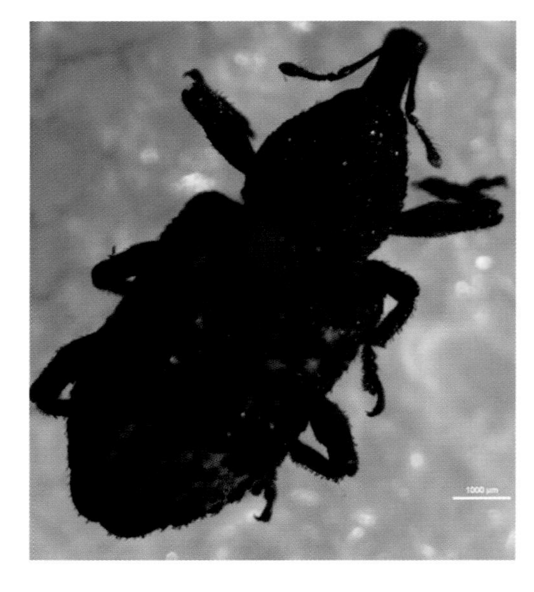

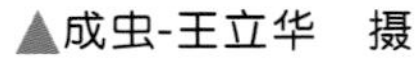

▲成虫-王立华 摄

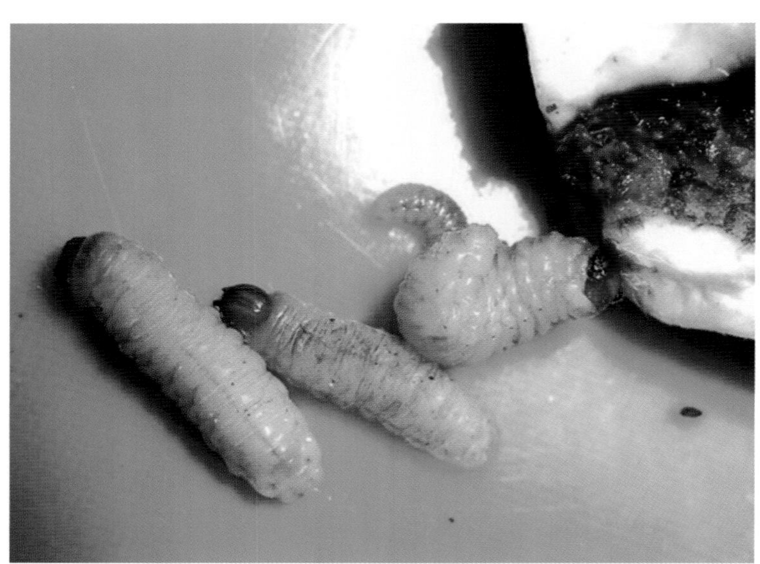

▲幼虫-曾进 摄

◎ 危害图：

▲栗实受害状-曾进 摄

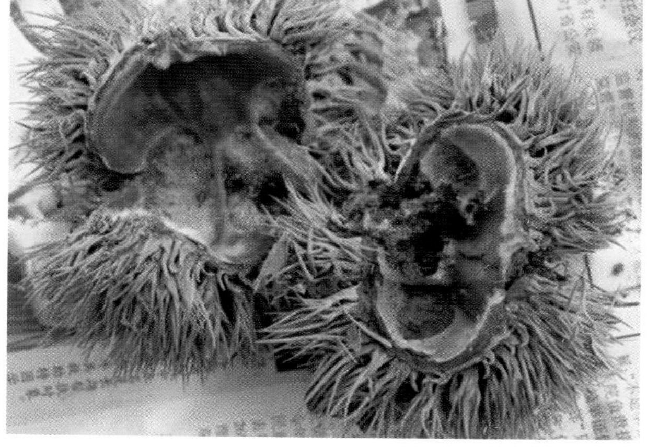

▲栗苞受害状-曾进 摄

◎ 防治措施：

(1)物理防治。采收时及时拾净栗园落地果苞，集中烧掉，减少翌年虫源。

(2)化学防治。成虫上树补充营养产卵阶段，采用甲维盐、吡虫啉等，交替用药喷树冠杀成虫。

79. 核桃横沟象

Dyscerus juglans Chao

◎ 分类地位：

鞘翅目 Coleoptera 象甲科 Curculionidae。

◎ 危害综述：

十堰、宜昌、咸宁和神农架林区等地有分布。幼虫危害核桃根颈皮层、破坏输导组织，使树势衰弱，轻者减产，重者死亡；成虫危害果实、嫩枝、幼芽、叶片。2 年 1 代，以成虫和幼虫在根皮层越冬。3—4 月越冬成虫出蛰取食，5—10 月产卵。幼虫在表土下 5～20 厘米的根部皮层危害，个别深度达主根 60 厘米，距主干 2 米的侧根也被害；3—11 月幼虫危害，12 月至翌年 2 月越冬。幼虫初危害时根颈皮层不开裂，无虫粪及树液流出，受害严重时皮层蛀道相连，充满黑褐色粪粒及木屑，皮层纵裂、流出褐液。根颈部有豆粒般羽化孔。

◎ 形态图：

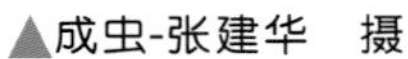

▲成虫-张建华　摄

▲幼虫-付群　摄

◎ 危害图：

▲幼虫危害根部-肖艳华　摄

▲幼虫危害根部-付群　摄

◎ 防治措施：

(1)物理防治。成虫产卵前挖开根茎部土壤，涂浓石灰浆阻止成虫产卵。

(2)化学防治。4—6月挖开根颈处土，主根打孔注吡虫啉、甲维盐等杀幼虫；4—8月成虫期，吡虫啉、阿维菌素、氯氰菊酯微胶囊剂交替用药喷雾，或烟雾机喷烟杀成虫。

80. 核桃长足象

Alcidodes juglans Chao

◎ 分类地位：

鞘翅目 Coleoptera 象甲科 Curculionidae。

◎ 危害综述：

十堰、宜昌和恩施等地有分布。只危害核桃，幼虫取食种仁后果实脱落，成虫啃食嫩叶、嫩梢、芽及幼果皮，严重影响生长，导致减产甚至绝收。1年1代，以成虫在背风温暖的杂草及表土层越冬。翌年4月下旬，核桃树萌发后成虫出蛰取食嫩梢、嫩叶补充营养。5月成虫交配后在果上蛀孔产卵，卵期约10天，5月中下

旬幼虫孵化取食果仁，幼虫期约 50 天；早期产卵危害的虫果脱落，幼虫随虫果落地后继续在果内取食种仁，后期产卵被害的青果不落，果皮腐烂、流液，果品价值受损。幼虫老熟后在果内化蛹，蛹期约 10 天。6 月中旬成虫羽化后从果壳咬孔爬出，飞到树上觅食至越冬。

◎ 形态图：

▲成虫-付群　摄

▲雌、雄成虫-付群　摄

▲幼虫-陈景升　摄

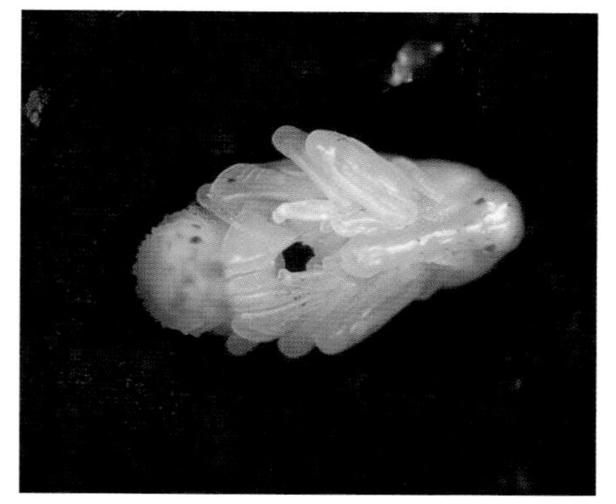

▲蛹-江建国　摄

◎ 危害图：

▲落果-江建国　摄

▲果仁受害状-付群　摄

◎ 防治措施：

(1)物理防治。秋冬季清园、处理落果、翻耕园土深达15厘米以上；5月虫果开始脱落时要及时收捡落果，烧毁或深埋。

(2)化学防治。成虫出蜇取食嫩梢、嫩叶时，用氯氰菊酯微胶囊剂喷雾；5月中下旬幼虫孵化期用吡虫啉、甲维盐等喷冠。

81. 油茶象

Curculio chinensis Cheveolat

◎ 分类地位：

鞘翅目 Lepidoptera 象甲科 Curculionidae。

◎ 危害综述：

武汉、十堰、宜昌、鄂州、咸宁、恩施等地有分布。危害油茶、茶树的果实。幼虫在茶果内蛀食种仁，引起果实中空，幼果脱落；成虫危害茶果、嫩梢，影响茶果产量和油品质量。2年1代，以当年老熟幼虫和上年新羽化的成虫在土内越冬。越冬成虫于翌年4月下旬出土，5月中旬至6月中旬成虫盛期并产卵在幼果内。幼虫在果内孵化后取食果仁，9—10月陆续出果入土越冬。越冬幼虫在土中滞育，直至第2年10月化蛹，羽化为成虫，留在土内越冬。

◎ 形态图：

▲成虫

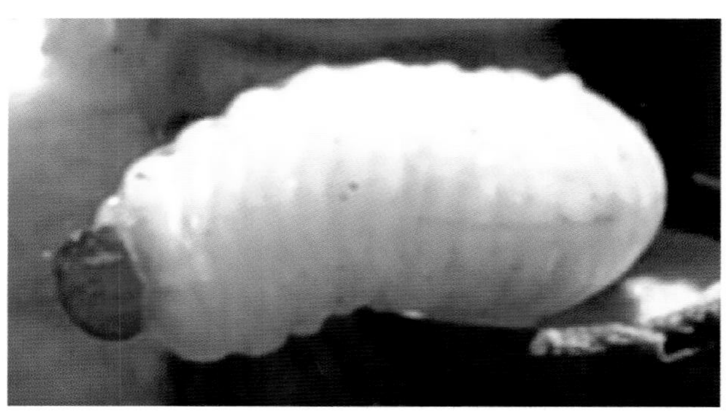

▲老熟幼虫-王建敏　摄

◎ 危害图：

▲幼果受害状-梁国章　摄

▲果仁受害状-王建敏　摄

◎ 防治措施：

（1）物理防治。结合秋冬垦复深度 20 厘米，消灭越冬幼虫；利用成虫假死性人工捕杀。

（2）化学防治。4—7 月成虫羽化期，喷洒氯氰菊酯微胶囊剂。

82. 一字竹象

Otidognathus davidis Fairmaire

◎ 分类地位：

鞘翅目 Coleoptera 象甲科 Curculionidae。

◎ 危害综述：

黄石、十堰、宜昌、荆州、咸宁和恩施等地有分布。危害毛竹、斑竹、早竹、慈竹等。雌成虫啄笋补充营养，幼虫食笋肉造成腐烂退笋，或笋成竹后虫孔累累、节间缩短、材质变劣、减产。该虫 1 年或 2 年 1 代，成虫在地下 8～15 厘米深土茧中越冬或越两个冬。4—5 月中旬出土，白天活动补充营养、交尾、产卵，卵多产于最下一盘枝节到笋梢之间。卵 2～3 天孵化，幼虫食笋肉被害处停止生长，3 龄幼虫食量增大，可将笋吃成空洞，老熟幼虫入土筑室化蛹，7 月即以成虫在土中越夏过冬。

◎ 形态图：

▲成虫-伍兰芳　摄

▲成虫(黑色型)-伍兰芳　摄

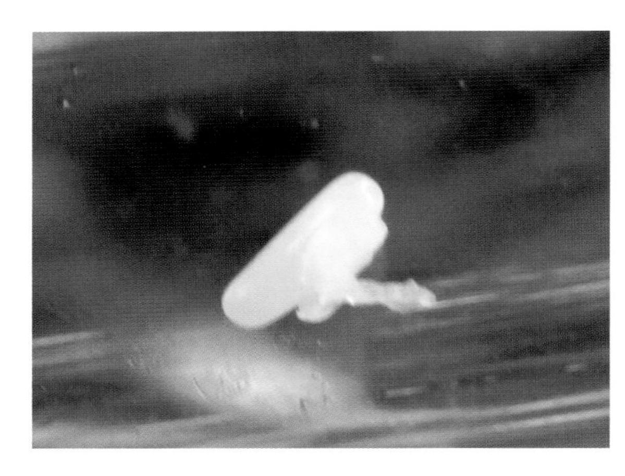

▲卵-伍兰芳　摄

▲幼虫-伍兰芳　摄

◎ 危害图：

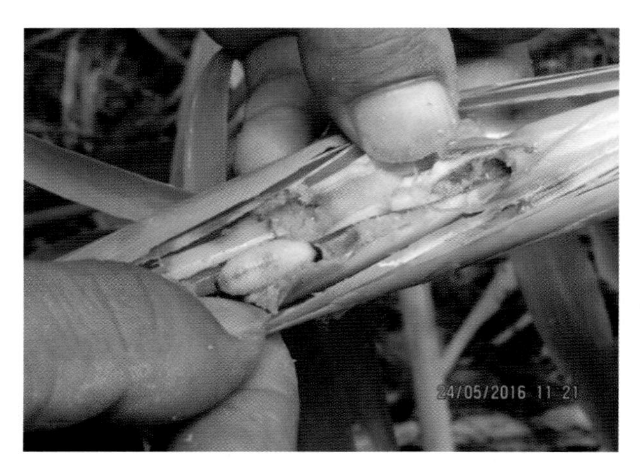

▲幼虫危害-伍兰芳　摄

▲成虫危害-伍兰芳　摄

◎ 防治措施：

(1)物理防治。秋冬季垦复松土毁蛹室、人工捕捉成虫、竹笋套袋。

(2)生物防治。幼虫期喷撒绿僵菌或白僵菌。

(3)化学防治。竹笋高1～2米时，用溴氰菊酯乳油、甲维盐喷雾；或笋高1～1.5米时注射吡虫啉、甲维盐杀成虫和笋内幼虫。

83. 华山松大小蠹

Dendroctonus armandi Tsai et Li

◎ 分类地位：

鞘翅目 Coleoptera 小蠹科 Scolytidae。

◎ 危害综述：

神农架林区、十堰、宜昌、襄阳等地有分布。发生在中龄以上华山松林分，幼虫、成虫在坑道内取食韧皮部及边材，输导组织受害，危害初期被害树针叶部分变黄，中后期大部分针叶变黄至全黄，树皮、部分枝梢以至全株枯死，暴发时造成大量枯死。1700米以下1年2代，2150米以上1年1代，中间地带则为2年3代。以幼虫越冬为主，也有以蛹和成虫越冬的。4月下旬开始化蛹，5月下旬出现成虫，6—8月下旬扬飞、寻偶、入侵新树筑坑产卵，有世代重叠现象。成虫蛀入的坑道口，由树脂和木屑形成红褐色或灰褐色大型漏斗状凝脂。

◎ 形态图：

▲成虫-段昌林　摄

▲卵母坑道-丁强　摄

▲成虫初羽化、蛹-段昌林　摄

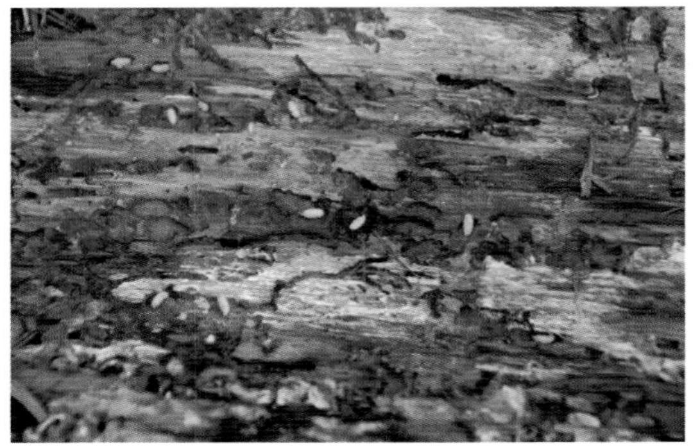

▲幼虫、蛹-段昌林　摄

◎ 危害图：

▲华山松大小蠹蛀道凝脂孔-谢志强　摄

▲华山松大小蠹发生林地-谢志强　摄

◎ 防治措施：

(1)物理防治。采用诱捕器诱杀成虫；及时清理被害木并剥皮处理。

(2)植物检疫。对重灾区进行封锁隔离。

(3)化学防治。打孔注药降低虫口密度。

Ⅱ-3 蛾、蝇类

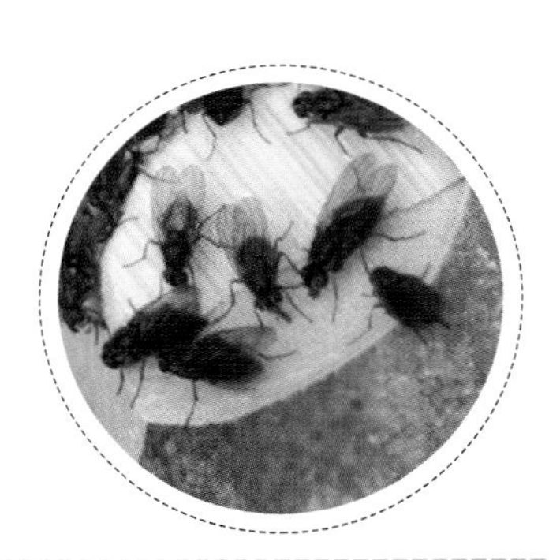

84. 柳蝙蛾

Phassus excrescens Butler

◎ 分类地位：

鳞翅目 Lepidoptera 蝙蝠蛾科 Hepialidae。

◎ 危害综述：

襄阳、孝感、随州和神农架林区等地有分布。危害猕猴桃、板栗、杨、柳、女贞、栾树等多种阔叶树木，幼虫钻蛀树木枝干，致受害枝条生长衰弱，易遭风折，受害重时枝条枯死、小树死亡。1 年 1 代，以卵在地上或以幼虫在枝干髓部越冬。卵翌年 4—5 月孵化，初孵幼虫先取食杂草，后蛀入茎内危害，6—7 月转移木本寄主上蛀食枝干，8 月上旬化蛹，8 月下旬羽化为成虫，卵产在地面上。

◎ 形态图：

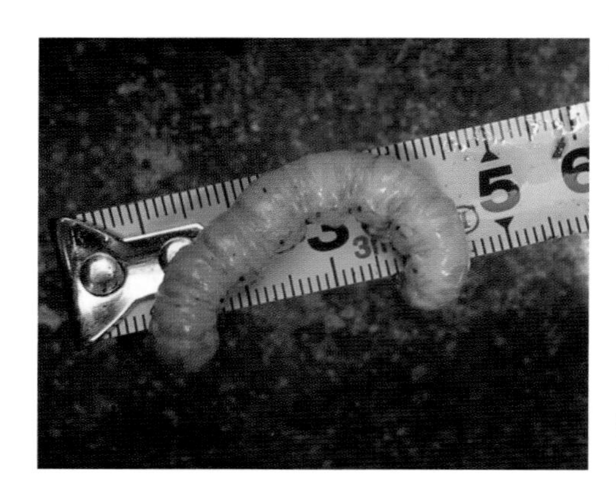

▲幼虫-王立华　摄

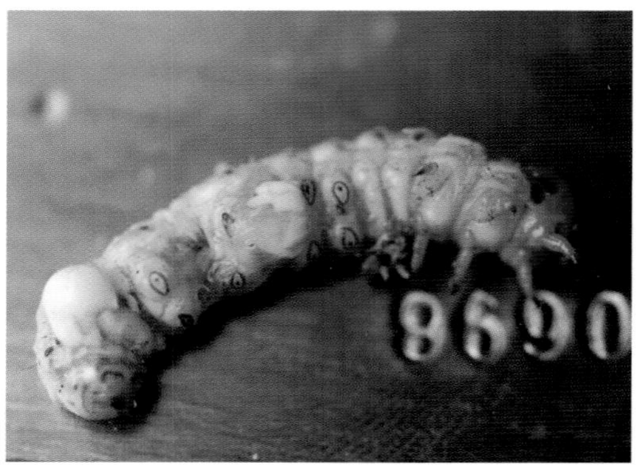

▲幼虫-谢志强　摄

◎ 危害图：

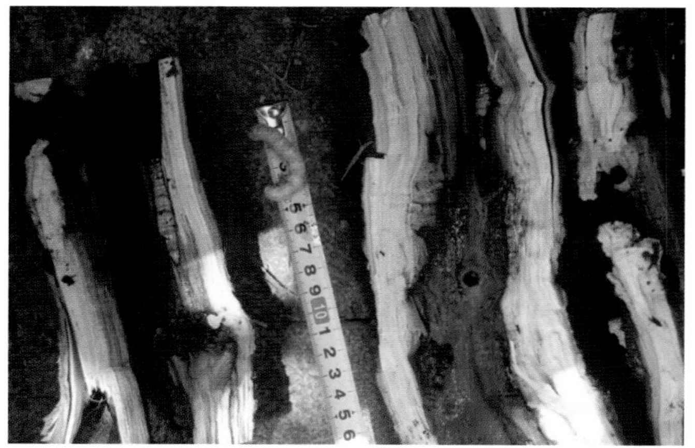

▲樟树受害状-王立华　摄

▲蛀口丝苞-丁强　摄

◎ 防治措施：

（1）物理防治。清除园内杂草，集中深埋或烧毁。

（2）生物防治。低龄幼虫在地面活动期间喷洒白僵菌或 Bt 复配剂。

（3）化学防治。中龄幼虫钻入树干后，用吡虫啉、甲维盐等滴注虫孔并用泥土封堵。

85. 微红梢斑螟

Dioryctria rubella Hampson

◎ 分类地位：

鳞翅目 Lepidoptera 螟蛾科 Pyralidae。

◎ 危害综述：

全省分布。危害湿地松、马尾松、黑松、油松、雪松等多种松树，幼虫蛀食主梢、侧梢和球果，引起梢丛生、树冠畸形。1 年 2 代，以幼虫在被害梢内越冬，翌年 3 月越冬幼虫开始活动，越冬代成虫期为 5—6 月，第 1 代成虫期为 8—9 月。初龄幼虫在嫩梢表面和韧皮部之间取食，3 龄以后蛀入髓心，蛀口外可见蛀屑。

◎ 形态图：

▲成虫-肖云丽　摄

▲幼虫-王立华　摄

▲蛹-丁强　摄

◎ 危害图：

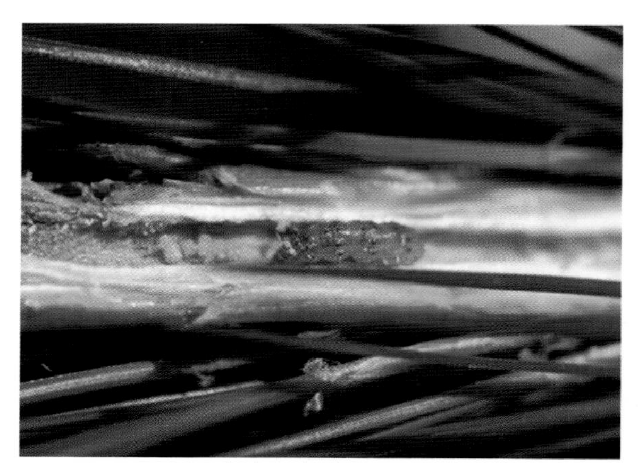

▲新梢蛀道-江建国 摄

▲球果受害状-周勇 摄

▲新梢受害状-何少华 摄

▲马尾松梢受害状-罗智勇 摄

◎ 防治措施：

(1)物理防治。冬季剪虫梢消灭越冬幼虫，用黑光灯或性信息素诱杀成虫。

(2)生物防治。卵期施放赤眼蜂。

(3)化学防治。初孵幼虫期，氯氰菊酯、甲维盐等持续用药。

86. 桃蛀螟

Conogethes punctiferalis Guenée

◎ 分类地位：

鳞翅目 Lepidoptera 草螟科 Crambidae。

◎ 危害综述：

全省分布。危害桃、板栗、核桃等果树及高杆作物，幼虫蛀果或嫩梢、转果危害。1 年 3 代，以老熟幼虫结茧在作物秸秆内或树皮缝、土石缝越冬。翌年 4 月初化蛹，4—5 月羽化，第 1 代幼虫主要危害桃、杏等核果。第 2 代危害梨及晚熟桃等。第 3、4 代转寻其他寄主危害，世代重叠。9 月下旬老熟幼虫结茧越冬。越冬代成虫期为 4—6 月上旬，第 1 代成虫期为 7—8 月，第 2 代成虫期为 8—9 月。成虫趋光性、趋化性强，卵多产于枝叶茂密处的果或两果相接处，桃受害流胶。

◎ 形态图：

▲雌成虫-祁凯　摄

▲雄成虫-罗智勇　摄

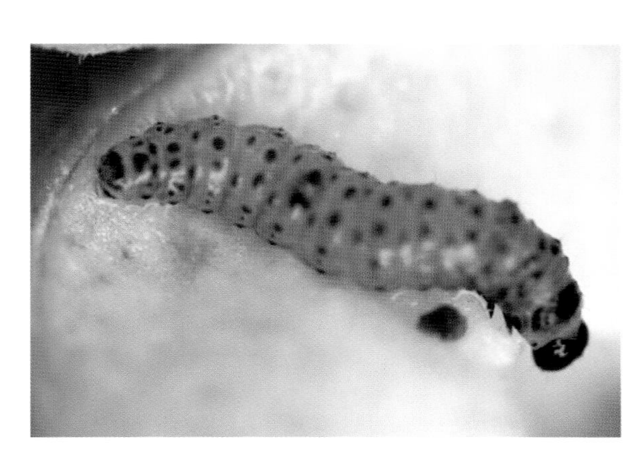

▲中龄幼虫-江建国　摄

▲老熟幼虫-肖艳华　摄

◎ 危害图：

▲桃树嫩梢受害-张爱珠　摄

▲木瓜果受害-肖艳华　摄

▲桃果受害-丁强 摄

▲核桃果受害-邓学基 摄

▲桃果流胶-丁强 摄

▲板栗果受害-阮建军 摄

◎ 防治措施：

（1）物理防治。4 月份越冬幼虫化蛹前，清除果园周边玉米等高杆植物残体，刮除果树翘皮，集中烧毁，减少虫源。生长期摘除虫果灭幼虫。成虫羽化期用黑光灯或糖醋液诱杀。

（2）化学防治。第 1、2 代成虫产卵高峰期喷灭幼脲、杀铃脲悬浮剂、阿维菌素等，初孵幼虫期氯氰菊酯、甲维盐等持续用药。

87. 桃蛀果蛾（桃小食心虫）

Carposina niponensis Walsingham

◎ 分类地位：

鳞翅目 Lepidoptera 卷蛾科 Tortricidae。

◎ 危害综述：

十堰、鄂州、孝感、荆州、潜江和恩施等地有分布。幼虫危害苹果、枣、山楂、桃、李、杏、海棠等果树，对仁果类多直入果心危害种子，对核果类多在果核周围蛀食果肉，排粪于其中，幼果受害多呈畸形，受害严重时

虫果率高达90%以上。1年1代,以老熟幼虫在堆果场、树干周围1米范围内3～6厘米土层中结冬茧越冬。越冬幼虫6—7月上旬雨后土壤含水量达10%以上时进入出土高峰,干旱年度可推迟2个月出土。越冬幼虫出土后在土石块或草根旁做夏茧化蛹,7—9月羽化。成虫无明显趋光性。卵孵化后多自果实中、下部蛀入果内,不食果皮,危害20～30天后老熟脱果,入土结茧越冬。

◎ 形态图:

▲成虫

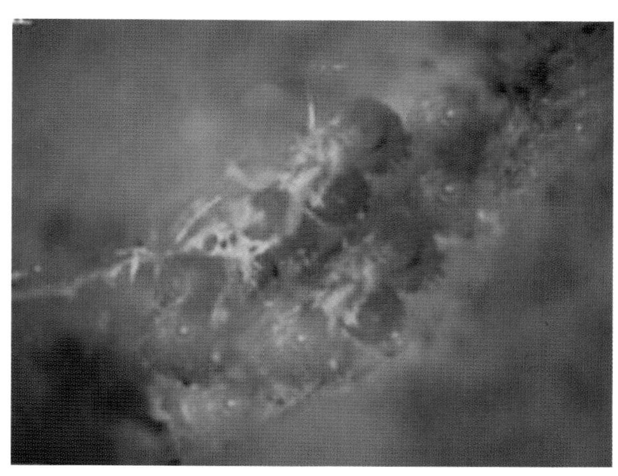

▲卵

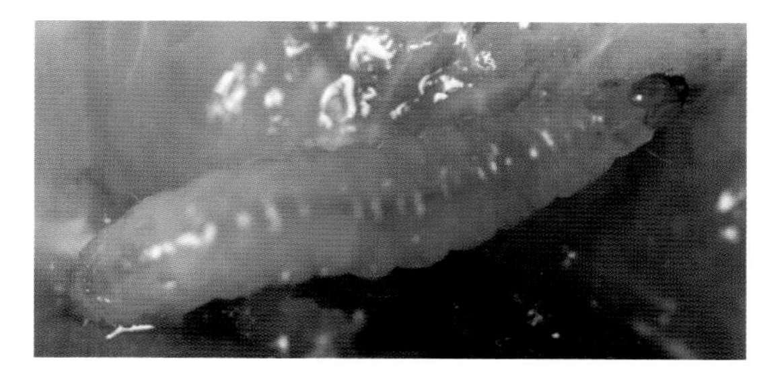

▲幼虫-付春翼　摄

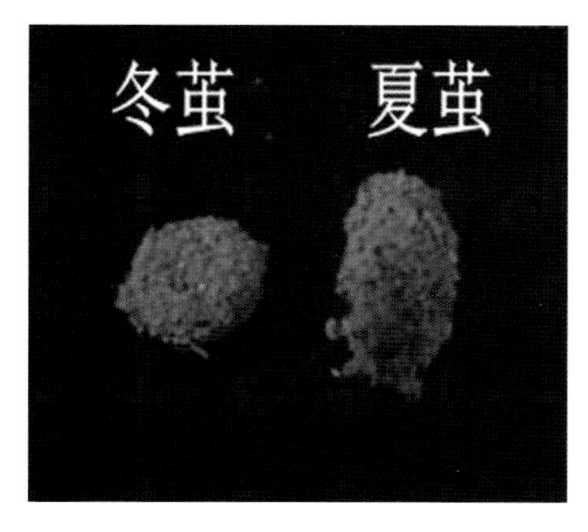

▲茧

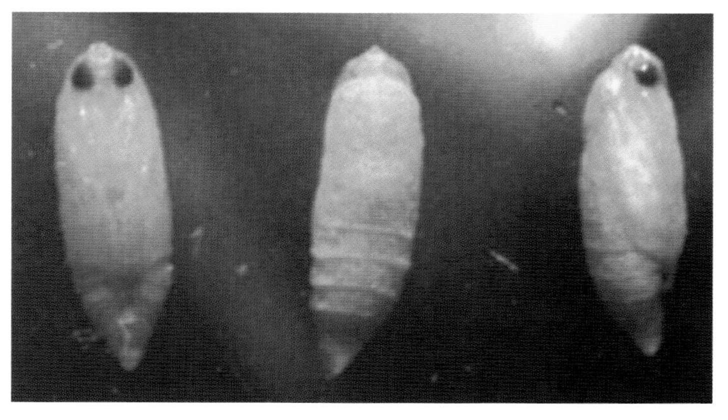

▲蛹

◎ 危害图：

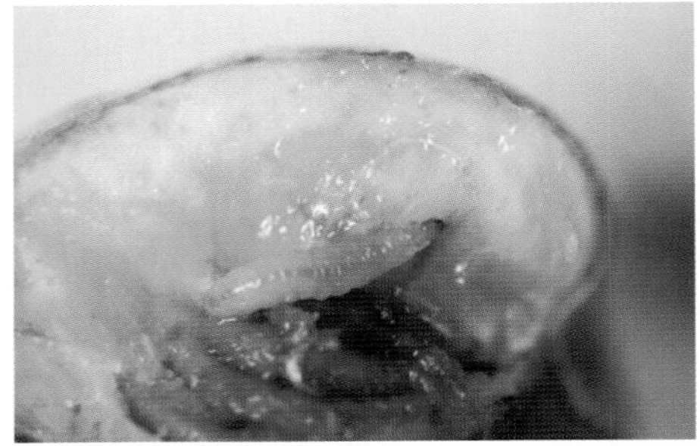
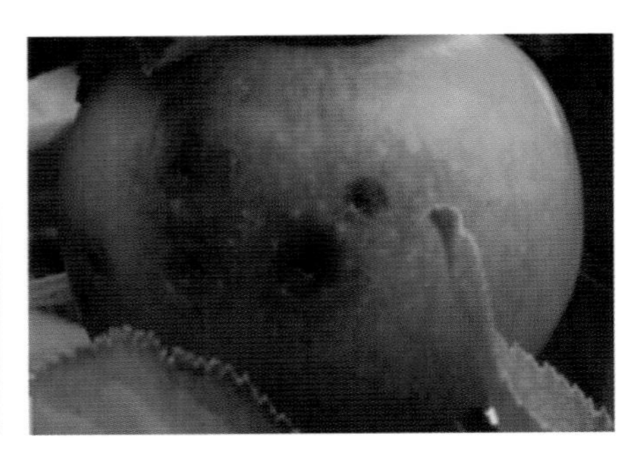

▲桃受害状-付春翼 摄

◎ 防治措施：

(1)物理防治。冬季深翻灭茧；果期套袋防虫，摘虫果、捡落果销毁；羽化期采用性诱捕器灭杀雄虫。

(2)化学防治。幼虫孵化期采用阿维菌素、甲维盐等喷雾。

88. 梨小食心虫

Grapholitha molesta Busck

◎ 分类地位：

鳞翅目 Lepidoptera 卷蛾科 Tortricidae。

◎ 危害综述：

全省均有分布。幼虫危害梨、桃、苹果、李、樱桃、枇杷、山楂等果树果实、嫩梢。1 年 3～4 代，世代重叠。老熟幼虫在树干翘皮下结茧越冬。越冬代成虫 4 月下旬至 5 月羽化，第 1、2 代主要危害嫩梢。第 2 代后危害果实，早期被害果蛀孔外有虫粪排出、落果，后期不落果。成虫期第 1 代为 5—6 月，第 2 代为 6—7 月，第 3 代为 8 月，成虫趋光性、趋化性强。

◎ 形态图：

▲成虫

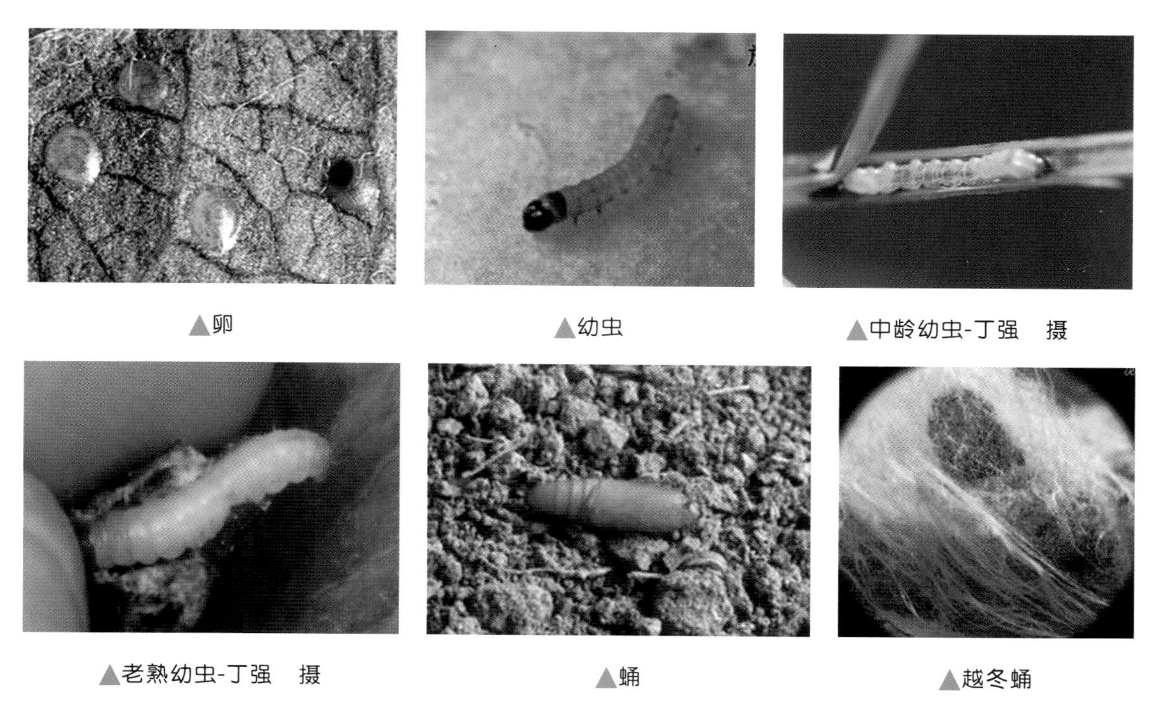

▲卵　　▲幼虫　　▲中龄幼虫-丁强　摄

▲老熟幼虫-丁强　摄　　▲蛹　　▲越冬蛹

◎ 危害图：

▲嫩梢受害-张爱珠　摄　　▲嫩梢受害-李传仁　摄

▲杏果实受害-丁强　摄

▲蛀梢排泄-丁强　摄

◎ 防治措施：

(1)物理防治。早春刮树翘皮杀灭越冬幼虫，草把诱集下树幼虫；剪除受害树梢集中销毁；羽化期用黑光灯、糖醋液诱杀成虫。

(2)生物防治。缠挂迷向丝(性诱剂迷向散发器)，干扰雌雄虫交配；挂信息素诱捕器捕杀雄虫；卵期施放松毛虫赤眼蜂。

(3)化学防治。初孵幼虫期喷溴氰菊酯乳油、阿维菌素、氯虫本甲酰胺悬浮剂(康宽)。

89. 楸螟

Omphisa plagialis Wileman

◎ 分类地位：

鳞翅目 Lepidoptera 草螟科 Crambidae。

◎ 危害综述：

鄂州、荆州等地有分布。幼虫钻蛀危害楸树、梓树苗干、幼树嫩梢、枝条，被害部位瘤状突起，树干弯曲、枝干中空易风折，影响树形和生长，降低绿化苗木经济性、木材工艺价值。1 年 2 代，以老熟幼虫在枝梢内越冬。翌年 3 月下旬化蛹，4 月中旬羽化，卵多产在嫩枝上端叶芽或叶柄基部隐蔽处，单粒散产，幼虫 5 龄。第 1 代幼虫 5 月孵化，第 2 代幼虫 7—8 月中旬孵化，有世代重叠现象。孵化后幼虫在嫩梢距顶芽 5～10 厘米处蛀入，蛀孔黑色、针尖大小，虫粪及蛀屑积孔口或成串悬挂于孔口。受害处形成虫瘿，严重危害时虫瘿成串。1 条幼虫一般只危害 1 个新梢，但遇风折等干扰转枝危害。有的幼虫蛀入叶柄，待叶枯萎时再蛀入枝梢，部分第 2 代幼虫从苗梢部转移至苗干下部蛀食，甚至向下蛀入根基部位，第 2 代幼虫活动到 10 月越冬。

◎ 形态图：

▲成虫-肖云丽　摄

▲蛹-汪成林　摄

◎ 危害图：

▲楸树虫瘿-汪成林　摄

▲楸树枝条受害状-汪成林　摄

◎ 防治措施：

(1)物理防治。冬春剪除虫瘿集中焚烧；羽化期灯光诱杀成虫。

(2)化学防治。各代初孵幼虫期用甲维盐、吡虫啉、杀灭菊酯喷雾，降低虫口密度。

90. 竹笋禾夜蛾

Oligia vulgaris Butler

◎ 分类地位：

鳞翅目 Lepidoptera 夜蛾科 Noctuidae。

◎ 危害综述：

黄石、宜昌、鄂州、荆州、黄冈、咸宁等地有分布。幼虫危害毛竹、刚竹、淡竹、早竹等。幼虫蛀食笋肉，导致被害笋成为退笋，少数虽能成林，也会断头折梢、竹材脆硬，不能被利用。1 年 1 代，以卵在林地杂草上越冬。翌年 2 月下旬卵孵化，幼虫爬行能力强，先蛀食禾本科及莎草科杂草嫩茎，4 月上中旬竹笋出土后幼虫转到笋上蛀食，蛀口外有碎屑堆积，随着竹笋生长，幼虫咬穿节隔上爬，取食笋梢幼嫩部分。竹笋被害后，表面失去光泽，内有蛀孔、虫粪。幼虫在笋内生活至 5 月上旬，老熟幼虫出笋入土结茧化蛹，6 月上旬羽化。成虫在禾本科杂草叶缘产卵，数十粒排成条状，草叶枯后将卵裹于叶内越冬。

◎ 形态图：

▲成虫-伍兰芳　摄

▲幼虫-阮建军　摄

▲蛹-王建敏　摄

◎ 危害图：

▲毛竹笋受害状-王建敏　摄

▲毛竹笋受害状-王建敏　摄

◎ 防治措施：

（1）物理防治。2月前清除林内及边缘杂草，将其烧毁，灭越冬卵；3月前清除萌发嫩草，灭幼虫；清挖退笋，灭杀幼虫；羽化期黑光灯诱杀成虫。

（2）生物防治。幼虫初孵后竹林喷施白僵菌。

（3）化学防治。幼虫初孵后定期喷灭幼脲、苯氧威、甲维盐、苦·烟、溴氰菊酯。

91. 竹笋泉蝇

Pegomyia phyllostachys Fan

◎ 分类地位：

双翅目 Diptera 花蝇科 Anthomyiidae。

◎ 危害综述：

武汉、咸宁、黄石、恩施等地有分布。幼虫蛀食毛竹、淡竹、刚竹、桂竹、旱竹、石竹、苦竹等竹类笋，使内部腐烂、造成退笋。1年1代，以蛹在土中越冬。翌年3月中旬出笋前成虫开始羽化，4月产卵，出笋盛期即产卵盛期。卵产在竹笋刚出土1～8厘米的健壮笋箨内壁，卵数不等。孵化后的幼虫蛀入笋生长点，形成不规则的虫道。危害后的笋尖部早晨无露水，经10天左右笋组织发生腐烂，虫数多于50条时形成退笋。5月中旬幼虫老熟后沿笋箨上爬，脱出落地，在笋周围25厘米入土深约6厘米内化蛹。

◎ 形态图：

▲成虫

▲成虫-王建敏　摄

▲幼虫-伍兰芳　摄

▲幼虫-王建敏　摄

◎ 危害图：

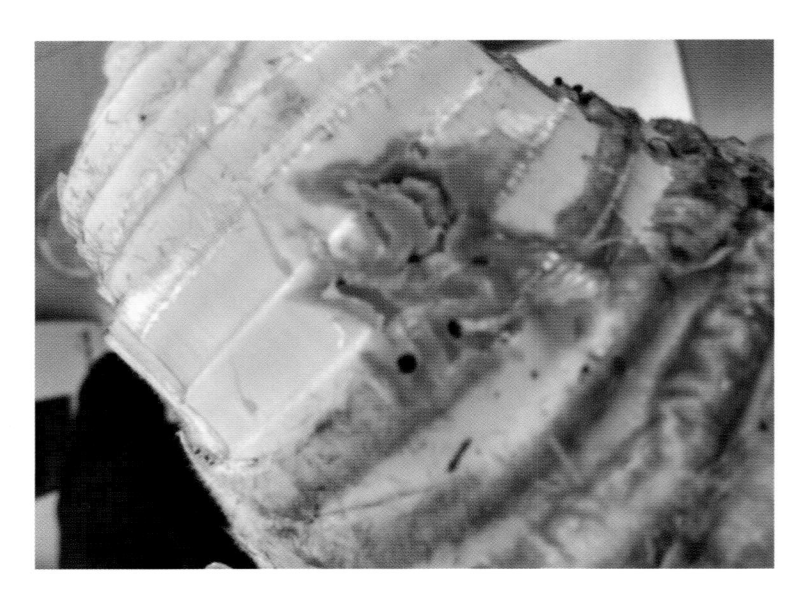

▲竹笋受害状-王建敏 摄

◎ 防治措施：

（1）物理防治。及早挖除有虫退笋，杀死幼虫；用腥臭物加入少量农药的捕蝇笼诱捕。

（2）生物防治。保护天敌，蛹期有寄生蜂，卵期有螨类、蚂蚁、瓢虫、露尾甲。

（3）化学防治。吡虫啉、甲维盐交替用药，出笋前喷 1 次，出笋后每星期喷 1 次；笋用林喷灭幼脲；在成虫期施放苦参碱、杀灭菊酯等烟剂。

92. 橘大实蝇

Bactrocera minax Enderlein

◎ 分类地位：

双翅目 Diptera 实蝇科 Tephritidae。

◎ 危害综述：

武汉、十堰、宜昌、襄阳、荆门、荆州和恩施等地有分布。主要危害橙、柚、枸橼、柑橘、佛手等，受害果园大幅减产甚至绝收。1 年 1 代，以蛹在土中越冬，4—5 月上中旬成虫羽化后补充营养，具极强的趋化性。成虫近距离飞行扩散，卵产于果皮下或果瓤中，幼虫蛀食果瓤和种子，受害果表粗糙，后期腐烂。9 月被害果受害处周围变黄色，10 月陆续脱落。老熟幼虫随落果落地，脱果入土化蛹，10—11 月上旬化蛹盛期，蛹主要分布在土表 5～6 厘米。

◎ 形态图：

▲成虫

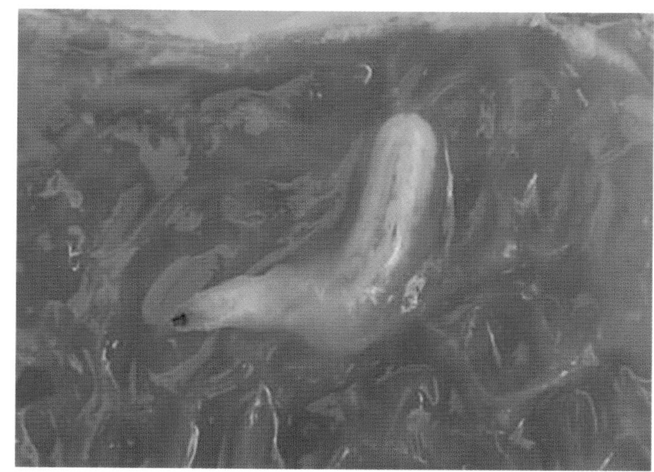

▲幼虫-肖德林　摄

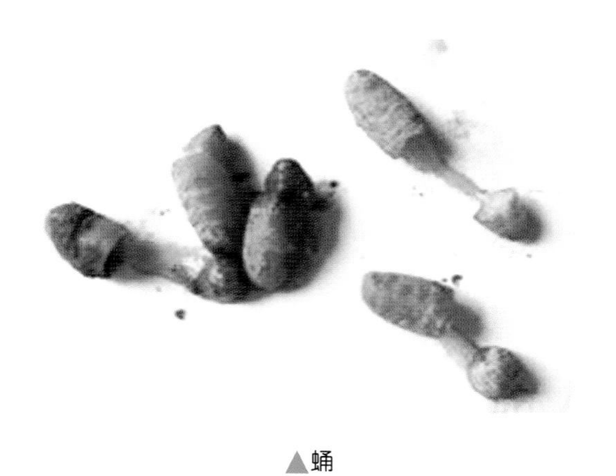

▲蛹

◎ 危害图：

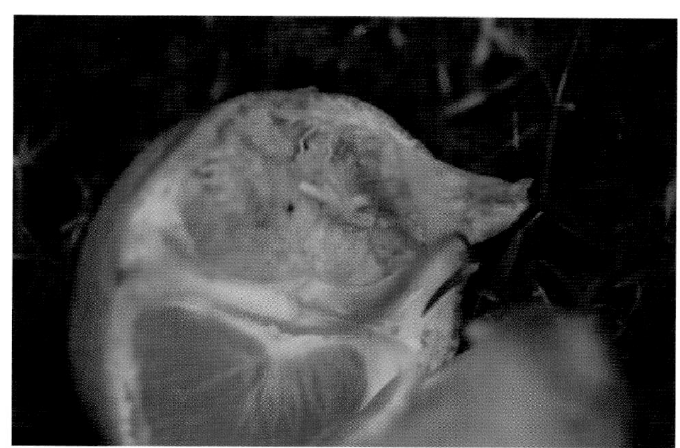

▲幼虫-鄢超龙　摄

▲幼虫-肖德林　摄

▲虫果-陈亮　摄

▲落果-祝艳红　摄

◎ 防治措施：

(1)营林措施。通过品种更换、高接换种1～2年不结果，使橘大实蝇失去寄主。

(2)物理防治。5月前中耕翻土20厘米杀蛹；定期摘除有产卵痕迹的青果、未熟早黄果，拣落果销毁。

(3)化学防治。成虫羽化期用糖醋液或专用引诱剂诱杀成虫；产卵前树冠喷施吡虫啉、甲维盐等药剂。

III 吸汁害虫及防治

Ⅲ-1 蝽类

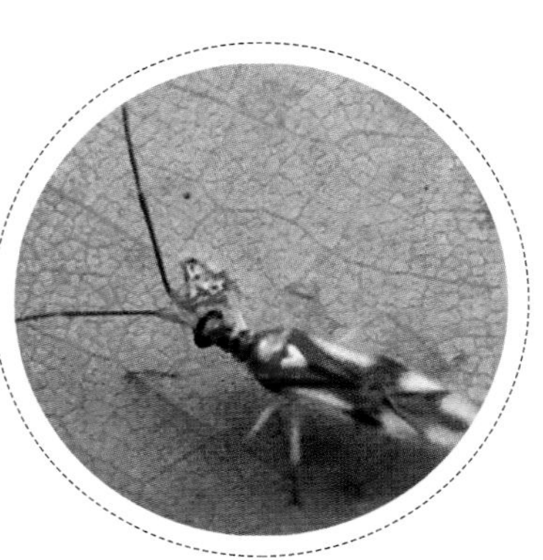

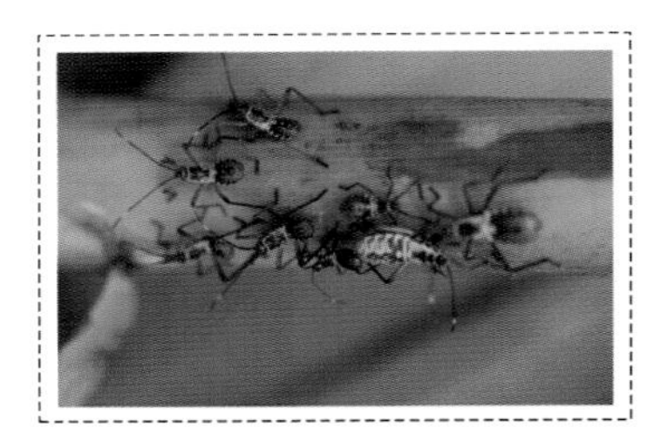

93. 麻皮蝽

Erthesina fullo Thunberg

◎ 分类地位：

半翅目 Hemiptera 蝽科 Pentatomidae。

◎ 危害综述：

全省分布。危害多种经济林、针阔叶树木及花卉，成虫和若虫吸食叶片、嫩梢及果实汁液，引起刺吸点组织受害，叶肉颜色变暗、枯死，果被害部位木栓化，失去食用价值，产量及品质受损。1 年 2 代，以成虫在树洞、裂缝、枯枝落叶下越冬。成虫飞行力强，喜在树上部活动，有假死性，受惊扰时分泌臭液。卵多产于叶背，果树发芽后开始活动，第 1 代 5—8 月危害，第 2 代 7—9 月危害，10 月开始越冬。

◎ 形态图：

▲成虫-蔡明乾　摄

▲卵、初孵化若虫-罗智勇　摄

▲低龄若虫-罗先祥　摄

▲末龄若虫-余红波　摄

◎ 危害图：

▲若虫聚群危害杨树-罗先祥　摄

▲若虫危害杨树-鄢超龙　摄

▲若虫聚集危害刺槐-罗智勇　摄

◎ 防治措施：

（1）物理防治。清除虫枝及杂草，集中烧毁。

（2）化学防治。3 龄若虫前喷杀灭菊酯、吡虫啉、甲维盐等。

94. 樟颈曼盲蝽

Mansoniella cinnamomi Zheng et Liu

◎ 分类地位：

半翅目 Hemiptera 盲蝽科 Miridae。

◎ 危害综述：

武汉、宜昌、荆州和恩施等地有分布。以成虫和若虫刺吸樟树嫩叶，受害叶片正反面出现不规则褐色角

状斑，严重发生时减少树冠的光合作用，影响树木生长和园林绿化景观。1 年 4 代，以卵越冬，翌年 4 月下旬至 5 月，越冬代孵化后开始危害，若虫 5 龄，世代重叠，5—11 月可见若虫、成虫同时危害，10—11 月第 3 代成虫产卵，以卵在秋梢叶柄、叶片主脉上越冬。

◎ 形态图：

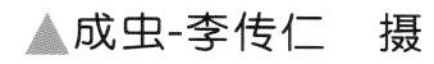

▲成虫-李传仁　摄

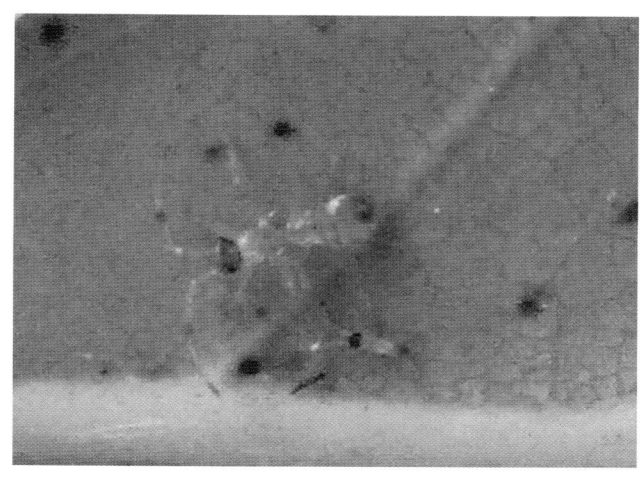

▲若虫-李传仁　摄

◎ 危害图：

▲樟树叶片受害状-李传仁　摄

◎ 防治措施：

(1)物理防治。清除落叶，集中烧毁，减少虫源。

(2)生物防治。保护利用螳螂、花蝽、瓢虫、草蛉等天敌。

(3)化学防治。春末夏初，吡虫啉、噻虫嗪、溴氰菊酯、苦·烟乳油 10～15 天 1 次交替喷雾用药。

95. 黑竹缘蝽

Notobitus meleagris Fabricius

◎ 分类地位：

半翅目 Hemiptera 缘蝽科 Coreidae。

◎ 危害综述：

荆州、咸宁、天门等地有分布。黑竹缘蝽是一种危害丛生竹笋期的常见害虫，以成虫、若虫吸食竹的嫩芽、竹笋汁液，1 年 2 代。以成虫越冬，4 月下旬，越冬成虫开始活动，先取食竹节发出嫩芽的汁液补充营养，4～6 天后交配产卵。第 1 代及第 2 代越冬前，以取食竹笋为主。10 月中旬成虫陆续飞离竹林，寻找树洞、皮缝、砖石缝、柴垛等干燥隐蔽场所越冬。

◎ 形态图：

▲成虫-江建国　摄

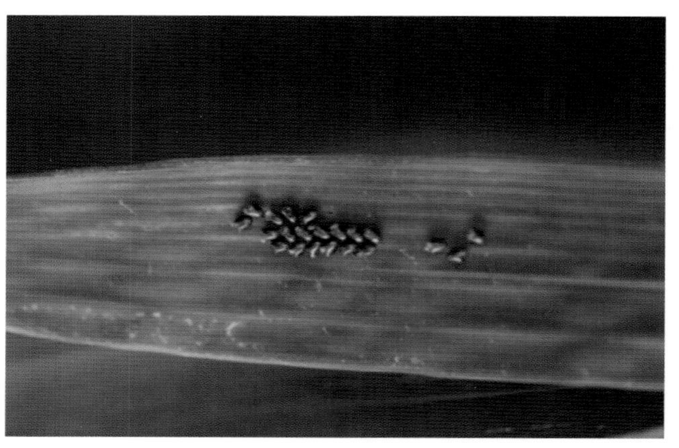

▲卵-江建国　摄

▲若虫-江建国　摄

◎ 危害图：

▲危害状-江建国　摄

◎ 防治措施：

(1)物理防治。人工捕捉，减少虫源。

(2)生物防治。保护利用螳螂、花蝽、瓢虫、草蛉等天敌。

(3)化学防治。若虫期采用吡虫啉、噻虫嗪、溴氰菊酯、苦·烟乳油喷雾防治。

96. 梨冠网蝽

Stephanitis nashi Esaki et Takeya

◎ 分类地位：

半翅目 Hemiptera 网蝽科 Tingidae。

◎ 危害综述：

十堰、荆门、孝感、荆州、黄冈、随州、恩施及神农架林区等地有分布。危害木兰科、蝶形花科、山茶科、蔷薇科等园林观赏花木和果树。若虫、成虫群集在叶面吸汁，叶出现黄白色斑点、叶绿素逐渐破坏，光合作用严重受阻，虫粪黏液和脱皮壳污染叶面，叶背呈黄褐色的锈状斑点，叶片失绿甚至早脱落、植株衰弱，影响生长发育及开花、结果。1 年 4～5 代，以成虫在落叶、杂草、树皮缝和树下土块缝隙内越冬，翌年树木展叶时危害。产卵在叶背面叶脉两侧的组织内，若虫孵化后群集在叶背面主脉两侧危害，成虫出蛰不整齐、世代重叠，10 月下旬越冬。

◎ 形态图：

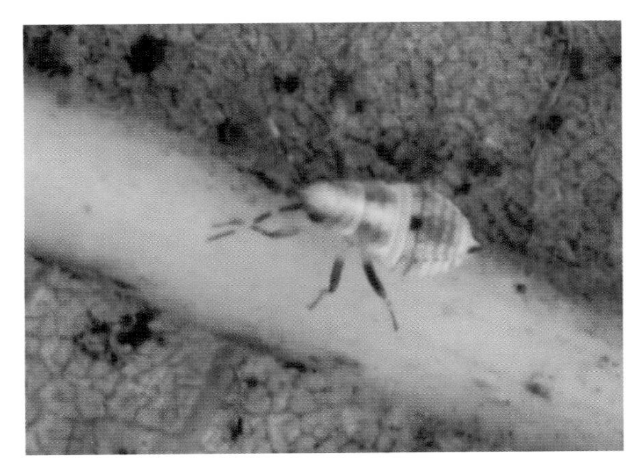

▲若虫-邱映天　摄

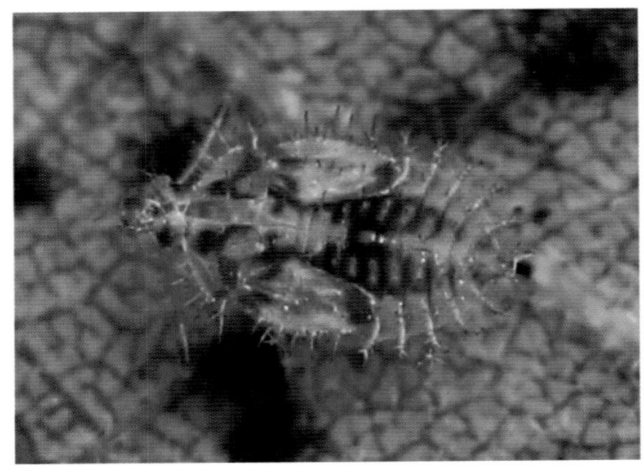

▲成虫羽化蜕壳-贺国军　摄

◎ 危害图：

▲桃叶受害状-李传仁　摄

▲樱花叶受害状-陈景升　摄

◎ 防治措施：

（1）物理防治。清除落叶杂草并烧毁，灭越冬虫；9月底在树干绑扎草把诱杀成虫；冬季树干涂白。

（2）化学防治。4—5月当叶背面有第1代若虫群集，出现少数白色尚未产卵成虫时，采用吡虫啉、氰戊菊酯、甲维盐乳油等喷雾，防治效果最佳。

97. 悬铃木方翅网蝽

Corythucha ciliate Say

◎ 分类地位：

半翅目 Hemiptera 网蝽科 Tingidae。

◎ 危害综述：

该虫为外来物种，全省均有分布。成虫和若虫刺吸悬铃木叶片汁液，受害叶片正面形成密集白色斑点，叶背面出现锈色斑，影响正常生长，受害严重的树木叶片提早枯黄脱落，严重影响绿化景观。1年多代，以成虫在寄主树皮下或树皮裂缝内以及树冠下绿篱越冬。在武汉地区第1代历期约70天，以后各个世代大约38天，第2代以后出现世代重叠。繁殖能力强，较耐寒，可借风或成虫的飞翔做近距离传播，人为调运带虫植物造成远距离传播。

◎ 形态图：

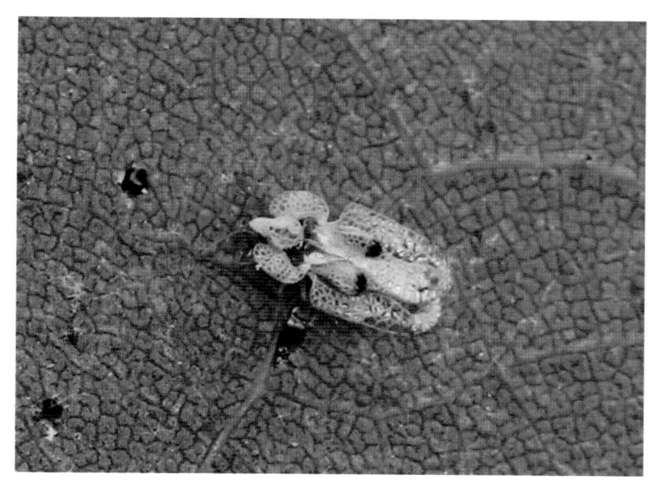

▲成虫-付应林　摄

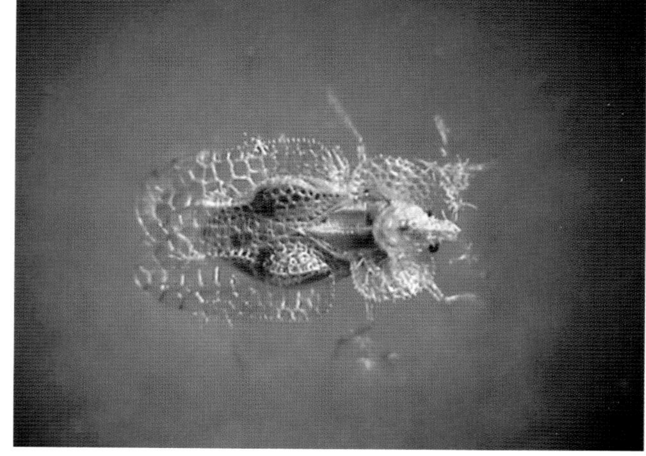

▲成虫-丁强　摄

◎ 危害图：

▲叶片正面受害状-高嵩　摄

▲叶片背面受害状-江建国　摄

▲悬铃木大树受害状-丁强　摄

◎ 防治措施：

（1）物理防治。秋季刮除疏松树皮层并及时收集销毁落叶，春季出蛰时结合浇水对树冠冲刷减少虫口基数。

（2）化学防治。4月、10—11月采用吡虫啉、噻虫嗪对树干、树冠及越冬场所喷雾；街道、庭院采用吡虫啉、甲维盐树干注射。

Ⅲ-2 蚜、蚧类

98. 落叶松球蚜

Adelges laricis Vallot

◎ 分类地位：

半翅目 Hemiptera 球蚜科 Adelgidae。

◎ 危害综述：

宜昌、恩施等地有分布。落叶松球蚜是多型态昆虫，转主危害，1 个生活周期为 2 年。受精卵孵化出来的干母若虫在云杉小枝芽上越冬，初夏干母成熟后营孤雌生殖，卵孵化时即形成虫瘿，7 月虫瘿开裂，老熟若虫爬出羽化，向落叶松迁飞、孤雌产卵，8 月中下旬孵化为 1 龄伪干母，9 月中旬开始越冬。翌年 4 月下旬若虫开始取食，成熟为伪干母后孤雌产卵，5 月下旬部分卵孵化发育为有翅性母，向转主迁飞、孤雌产卵，孵化为雌、雄性蚜，7 月初雌性蚜产受精卵，8 月初受精卵孵化为第 1 龄干母，9 月初开始在转主芽上越冬，完成生活周期。主要危害第 2 寄主日本落叶松 10～20 年生人工林，严重时可明显影响当年树高生长量，第 1 寄主为云杉属树木。

◎ 危害图：

▲日本落叶松受害状-王清红　摄

◎ 防治措施：

(1)营林措施。造林时避免云杉与落叶松混交。

(2)物理防治。虫瘿开裂之前人工剪除。

(3)化学防治。采用吡虫啉、甲维盐等喷雾；郁闭度大的林地采用烟剂防治。

99. 板栗大蚜

Lachnus tropicalis Van der Goot

◎ 分类地位：

半翅目 Hemiptera 大蚜科 Lachnidae。

◎ 危害综述：

武汉、十堰、宜昌、荆门、孝感、黄冈、咸宁、恩施及神农架林区等地有分布。危害栗属、栎属，成虫和若虫群集在新梢、嫩枝、叶背面、果梗吸食树液，影响新梢生长和果实成熟，导致树势衰弱。1 年多代，7～9 天可完成 1 代。以卵在树枝干芽腋及裂缝中越冬，春季 3—4 月越冬卵孵化为干母群集在枝干危害，成熟后胎生无翅孤雌蚜，并分泌蜜露诱发煤污病；5 月下旬产生有翅蚜，部分迁至夏寄主上繁殖；9—10 月迁回栗树继续孤雌胎生繁殖，常群集在栗苞果梗处危害；11 月出现性母，产生雌、雄蚜，交配后产卵越冬。

◎ 形态图：

▲雌蚜-肖艳华　摄

▲无翅孤雌蚜、若虫-阮建军　摄

◎ 危害图：

▲危害板栗-谢志强　摄

▲危害板栗-周宇　摄

◎ 防治措施：

（1）物理防治。及时剪掉虫梢并销毁。

（2）生物防治。保护利用异色瓢虫、草蛉、蚜茧蜂、花蝽等天敌。

（3）化学防治。展叶前越冬卵孵化盛期，喷吡虫啉、苯氧威、抗蚜威、溴氰菊酯等。

100. 日本草履蚧

Drosicha corpulenta Kuwana

◎ 分类地位：

半翅目 Hemiptera 珠蚧科 Margarodidae。

◎ 危害综述：

十堰、宜昌、襄阳、荆门、孝感、荆州、潜江和恩施等地有分布。以若虫和雌成虫聚集在多种阔叶树的芽、梢、叶、枝上吸液，造成长势衰退，严重危害后引起枝枯、树死。1年1代。以卵在土中越夏、越冬。翌年1月下旬至2月上旬开始孵化，若虫出土后爬上植物危害。雄若虫4月下旬化蛹，5月上旬羽化、交配。雌性若虫3次蜕皮后即变为雌成虫，交配后潜入土中或在林下枯枝落叶层产卵，卵由白色蜡丝包裹。

◎ 形态图：

▲雌、雄成虫-罗先祥 摄

▲雌虫腹面-陈军 摄

▲若虫-阮建军 摄

◎ 危害图：

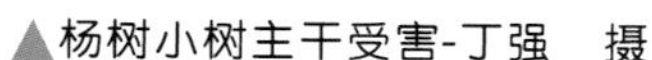

▲杨树小树主干受害-丁强　摄

▲杨树大树侧枝受害-罗先祥　摄

◎ 防治措施：

（1）物理防治。冬季修剪以及清园，消灭在枯枝落叶与表土中的虫卵。若虫上树前、成虫下树时，在树干胸径部位刮除粗皮30～50厘米，再缠宽胶带、塑料薄膜或涂粘虫胶做隔离环，阻止草履蚧爬行；成虫下树前在树基开环沟铺草诱集销毁。

（2）生物防治。保护利用红点唇瓢虫、寄生蝇、捕食螨等天敌。

（3）化学防治。若虫孵化盛期，速扑杀、吡虫啉等交替用药。

101.吹绵蚧

Icerya purchasi Maskell

◎ 分类地位：

半翅目 Hemiptera 珠蚧科 Margarodidae。

◎ 危害综述：

黄石、十堰、宜昌、襄阳、孝感、荆州、咸宁、潜江和恩施等地有分布。危害多种果树、花卉，若虫和雌成虫群集在叶、嫩芽、新梢上吸液，削弱树势，重者枯死；并排泄蜜露发诱煤污病。1年2代，3月开始产卵，5—6月上旬若虫盛发，6月中旬始见成虫；第2代卵期为7—8月中旬，7月中旬出现若虫，早的当年可羽化、产卵，多以第2代若虫越冬。初龄若虫在叶背主脉两侧定居，2龄后转移到枝干上群集危害，雌成虫定居后不再移动，成熟后分泌卵囊产卵于内，每雌可产卵数百至2000粒。雄虫少，多营孤雌生殖，但越冬代雄虫较多。越冬代雌、雄成虫交配后产卵甚多，常在 5—6 月成灾。

◎ 形态图：

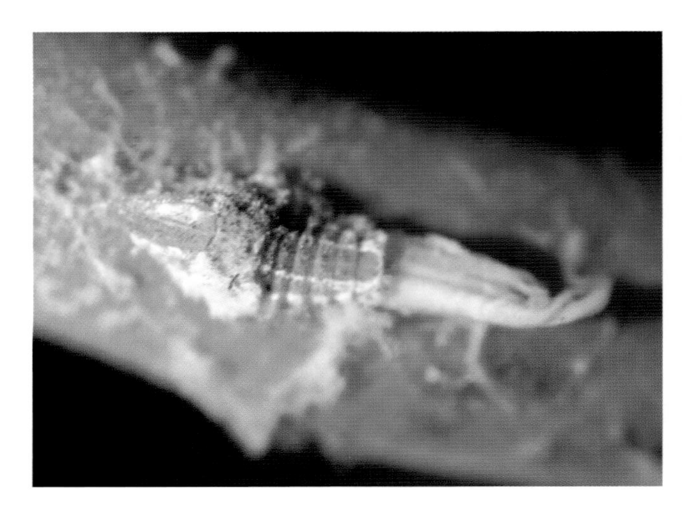

▲若虫-肖艳华　摄

▲若虫-肖艳华　摄

◎ 危害图：

▲危害叶-肖艳华　摄

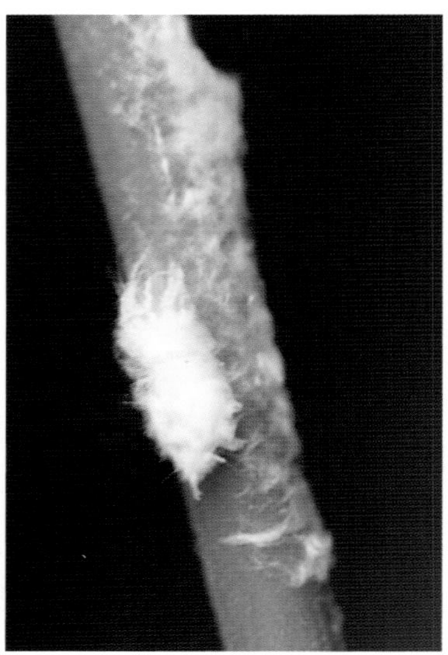

▲危害枝-肖艳华　摄

▲危害干-彭泽洪　摄

◎ 防治措施：

（1）物理防治。剪除虫枝或刷除卵囊及虫体。

（2）生物防治。保护利用大红瓢虫、小红瓢虫、红环瓢虫等天敌。

（3）化学防治。树木休眠期喷石硫合剂，卵期、若虫期喷速扑杀、吡虫啉等。

102. 栗绛蚧

Kermes nawae Kuwana

◎ 分类地位:

半翅目 Hemiptera 绛蚧科 Kermesidae。

◎ 危害综述:

孝感、恩施等地有分布。主要危害栗属、栎类。若虫和雌成虫寄生于板栗1年生枝梢上吸汁危害,被害树延迟萌芽、展叶、减产,危害严重时造成枝杆乃至全树枯死。1年发生1代,以2龄若虫在树枝的裂缝、芽痕等隐蔽处越冬。翌年3月越冬若虫恢复取食,3月中下旬部分若虫蜕皮变为雌成虫继续取食,是栗绛蚧主要危害期。雌成虫4月体积增大较快,卵在母蚧体内孵化,5—6月天气晴朗时,初孵若虫从母蚧体内爬出、扩散。

◎ 形态图:

▲雌蚧-卢宗荣 摄

◎ 危害图:

▲板栗枝条受害状-丁强 摄

▲板栗大树少叶无果-丁强 摄

◎ 防治措施：

（1）物理防治。低虫口栗园剪去有虫枝条，加强水肥管理，促发新芽。

（2）化学防治。5 月中旬至 6 月中旬，视若虫孵化进度，喷速扑杀、吡虫啉等。

103. 栗新链蚧

Neoasterodiaspis castaneae Russell

◎ 分类地位：

半翅目 Hemiptera 链蚧科 Asterolecaniidae。

◎ 危害综述：

鄂州、荆门、孝感、荆州、黄冈和恩施等地有分布。危害栗属、栎属等。成虫和幼虫在干、枝、叶上吸食汁液，叶片受害影响光合作用，枝干表皮下陷皱缩、开裂、枯死，果实品质、产量下降甚至绝收。1 年 2 代，以受精雌成虫在枝干表皮上越冬。翌年 3 月上中旬雌成虫开始活动，雌虫多集中在主干和枝条上，4 月中下旬为产卵盛期，第 1 代危害到 5 月下旬，6 月中旬羽化见第 1 代雌成虫，6 月下旬产第 2 代卵。第 2 代雄成虫 8 月中旬羽化，9 月以后以受精雌成虫开始越冬。雄成虫大部分群集于板栗叶片及嫩枝上，尤以叶反面近脉处为多，雌虫则多在树皮薄的主干、枝条上着生。嫁接树比实生树发生数量多、虫口密度大，受害严重。

◎ 形态图：

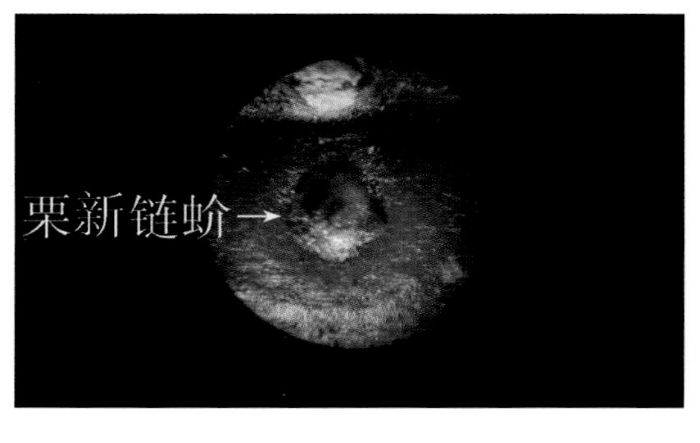

▲雌蚧（显微照）-丁强　摄

◎ 危害图：

▲枝受害状-丁强　摄

◎ 防治措施：

（1）物理防治。冬季剪除有虫枝条并及时烧毁。

（2）生物防治。保护利用红点唇瓢虫等天敌。

（3）化学防治。若虫孵化盛期用吡虫啉、速扑杀喷杀。

Ⅲ-3 其他类

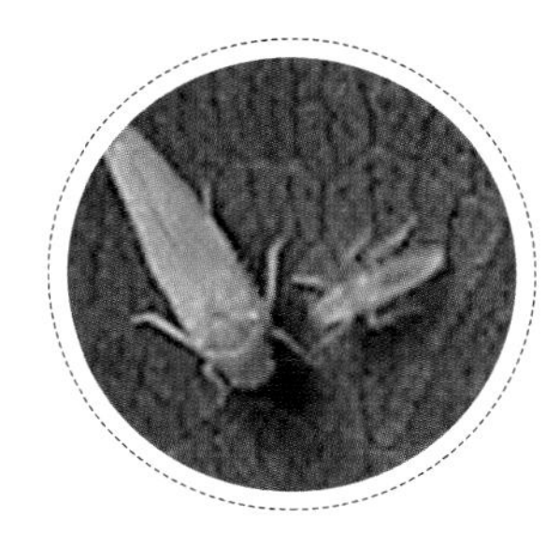

104. 斑衣蜡蝉

Lycorma delicatula White

◎ 分类地位：

半翅目 Hemiptera 蜡蝉科 Fulgoridae。

◎ 危害综述：

全省分布。危害臭椿、香椿、石楠、桂花、楝树、合欢、珍珠梅、海棠、桃、葡萄、石榴等多种植物。成虫、若虫群集在叶背、嫩梢上刺吸汁液，排泄物诱致煤污病发生或嫩梢萎缩、畸形等，削弱生长势。1 年 1 代。以卵在树干或附近物体越冬。翌年 3 月下旬若虫孵化危害，5 月上旬为盛孵期。若虫 4 次蜕皮，6—7 月羽化为成虫，活动至 9—10 月产卵。卵块排列整齐，覆盖蜡粉。成虫、若虫均有群栖性，成虫飞翔力较弱，善跳跃。

◎ 形态图：

▲成虫-江建国 摄

▲低龄若虫-肖艳华 摄

▲若虫-邱映天 摄

◎ 危害图：

▲成虫危害臭椿-余小军　摄

▲若虫危害苦楝-靳觐　摄

◎ 防治措施：

（1）物理防治。冬春季刮除卵块，产卵期捕捉成虫。

（2）化学防治。低龄幼虫期喷吡虫啉乳油、啶虫脒、甲维盐、氯氰菊酯等。

105. 蚱蝉

Cryptotympana atrata Fabricius

◎ 分类地位：

半翅目 Hemiptera 蝉科 Cicadidae。

◎ 危害综述：

全省分布。危害多种乔灌木及果树，若虫在土壤中刺吸植物根部，成虫刺吸枝干，影响树木长势；卵产于枝条木质部至髓部，造成枝干枯死；成虫边吸食边排泄，其排泄物诱发果树病害。完成1代发育需5年甚至更长，以卵、未孵化幼虫在树枝越冬。翌年5月开始孵化，幼虫随着枯枝落地或卵掉地后，孵化的若虫立即入土，以土中的植物根及有机质为食料，秋后移向深土层越冬，来年随气温回暖上移危害。若虫蜕皮5次完成发育后爬到树干及植物茎杆蜕皮羽化。6—7月为成虫羽化期，8月为产卵盛期，卵产于1～2年生细枝条内。

◎ 形态图：

▲成虫-伍兰芳　摄

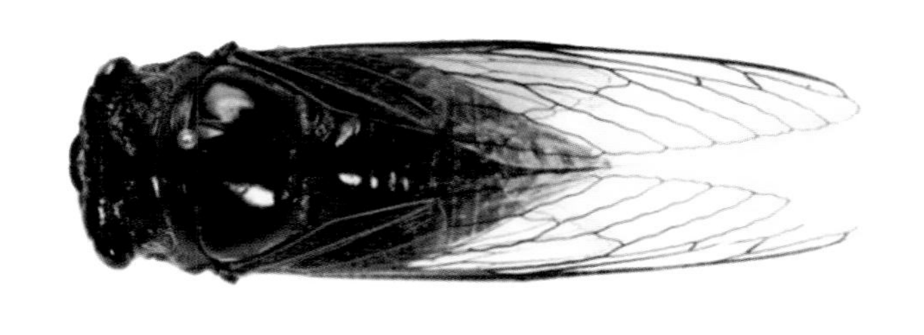
▲成虫-肖云丽　摄

▲卵-丁强　摄

▲若虫-刘刚　摄

◎ 危害图：

▲杨树枝条受害状-丁强　摄

◎ 防治措施：

(1)物理防治。剪除产卵枯死的枝条；树干包扎塑料薄膜或透明胶，阻止老熟若虫上树，滞留在树干周围可人工捕捉利用。

(2)化学防治。成虫高峰期在树冠喷洒吡虫啉、甲氰菊脂。

106. 小绿叶蝉

Empoasca flavescens Fabricius

◎ 分类地位:

半翅目 Hemiptera 叶蝉科 Cicadellidae。

◎ 危害综述:

十堰、孝感、荆州等地有分布。危害桃、李、红叶李、樱桃、杏、梅、茶树等以及农作物,成虫、若虫吸食叶片汁液,被害叶初现黄白色斑点,后逐渐扩展成片,叶片逐渐卷缩凋萎。1 年 4～6 代,以成虫在落叶、杂草或低矮绿色植物中越冬。翌春桃、李、杏发芽后出蛰,飞到树上刺吸汁液,取食后交尾产卵,卵多产在新梢或叶片主脉处。若虫期为 10～20 天,非越冬成虫寿命为 30 天,完成 1 个世代为 40～50 天,世代重叠,8—9 月危害重,秋后以末代成虫越冬。成虫善跳,可借风力扩散,果园周边有农作物的可转移危害。

◎ 形态图:

▲成虫-丁强　摄

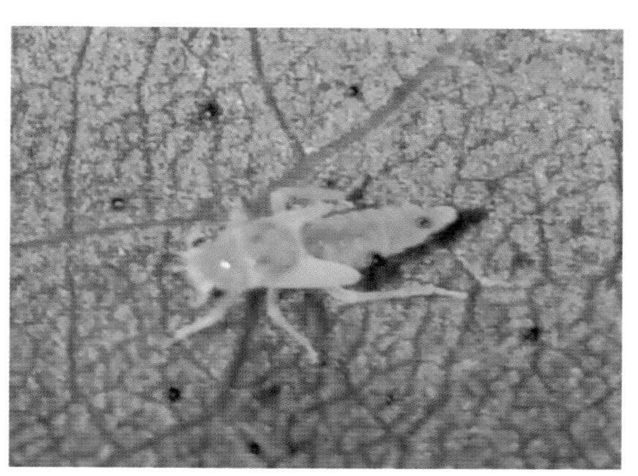

▲若虫-蔡明乾　摄

◎ 危害图:

▲桃叶受害状-丁强　摄

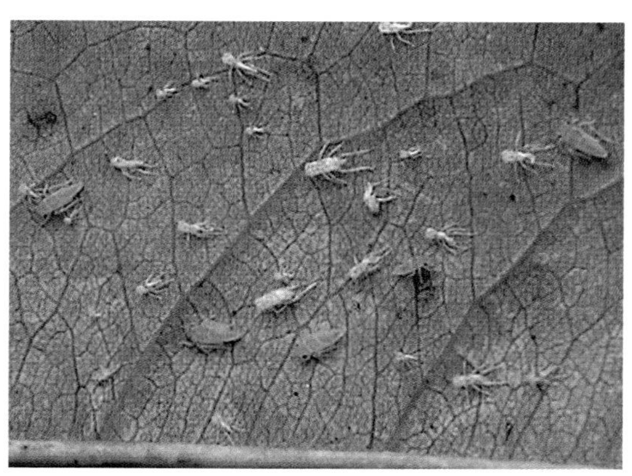

▲若虫危害状-丁强　摄

▲桃树受害状-丁强　摄

◎ 防治措施：

(1)物理防治。成虫出蛰前清除落叶及杂草，减少越冬虫源；悬挂粘胶型信息素＋黄色诱捕板，诱杀成虫。

(2)化学防治。5 月前第 1 代危害期喷吡虫啉、甲维盐等。

Ⅳ 地下害虫及防治

107. 黑翅土白蚁

Odontotermes formosanus Shiraki

◎ 分类地位：

等翅目 Isoptera 白蚁科 Termitidae。

◎ 危害综述：

全省大部有分布。工蚁危害多种树木根、皮、木材，使树木长势衰退甚至枯死，影响绿化景观。该虫属土栖营巢社会性昆虫，繁殖蚁分有翅成虫、短翅补充型成虫，兵蚁、工蚁无繁殖能力，11 月底停止采食越冬。每年 4—6 月在蚁巢地面筑锥状分群孔，供有翅成虫出巢分群。成虫群飞求偶，配对后脱翅钻入地下筑新巢成为蚁王、蚁后，繁殖新群，蚁巢随种群扩大而形成多腔室，主巢在最下面。

◎ 形态图：

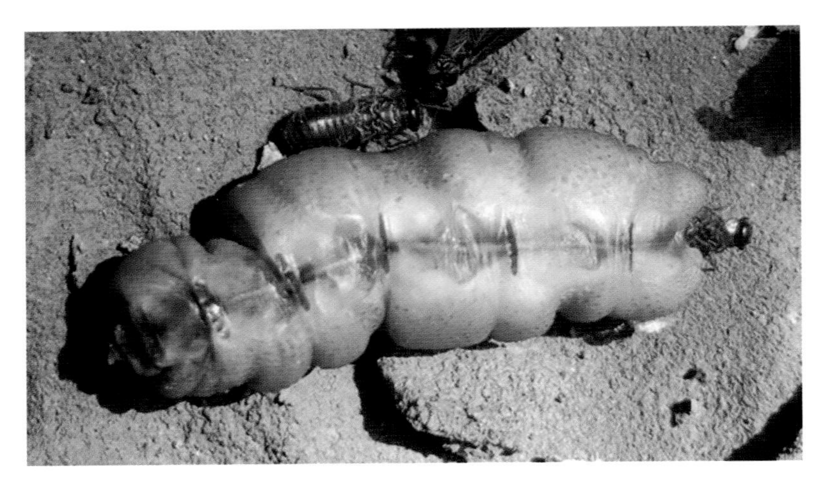

▲蚁王、蚁后-陈亮　摄

▲王台、蚁后-陈景升　摄

▲有翅生殖蚁-张建华　摄

▲工蚁-陈景升　摄

▲兵蚁

▲主巢-陈景升　摄

▲菌圃-陈亮　摄

▲菌圃、鸡枞菌-宋超　摄

◎ 危害图：

▲马尾松受害状-江建国　摄

▲杉木受害状-晏永杰　摄

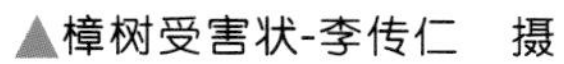

▲樟树受害状-李传仁　摄

▲杨树受害状-郭先梅　摄

◎ 防治措施：

（1）物理防治。根据地势、白蚁危害走向、地面分群孔、通气孔、取水线、草裥菌（鸡枞菌）等特征，找蚁路挖蚁巢。

（2）化学防治。诱杀：不宜挖巢的地段，挖坑做盖埋松木保湿、定期检查，有白蚁取食后施灭蚁灵覆原，使工蚁带药扩散；用含糖、淀粉、纤维素等食材混入氟铃脲。熏杀：寻找主蚁道并压烟熏杀。

108. 铜绿异丽金龟

Anomala corpulenta Motschulsky

◎ 分类地位：

鞘翅目 Coleoptera 丽金龟科 Rutelidae。

◎ 危害综述：

成虫杂食而量大，喜食杨、榆、核桃等树叶。幼虫（蛴螬）主要危害苗木根系，是重要的苗圃地下害虫。1年1代，以老熟幼虫越冬。翌年春季越冬幼虫上升活动，5月中旬羽化，5月下旬至7月中旬为发生盛期，7月上旬产卵，7月中旬至9月是幼虫危害期，10月中旬后陆续越冬。成虫夜间活动，趋光性强。

◎ 形态图：

▲成虫-梁波　摄

▲幼虫（蛴螬）-李罡　摄

◎ 防治措施：

（1）物理防治。翻耕灭虫，破坏蛴螬生活环境；利用成虫假死习性，早晚振落捕杀成虫；灯光诱杀成虫。

（2）生物防治。用白僵菌、绿僵菌、苏云金杆菌、青虫菌等喷施或灌根。

（3）化学防治。

①幼虫期的防治。可结合防治金针虫、蝼蛄以及其他地下害虫进行。常用措施有：

拌种：常规农药有25%对硫磷或辛硫磷微胶囊剂0.5kg拌250kg种子，残效期约2个月，保苗率为90%以上；50%辛硫磷乳油或40%甲基异柳磷乳油0.5kg加水25kg，拌种400～500kg，均有良好的保苗防虫效果。

土壤处理：可采用喷洒药液、施用毒土和颗粒剂于地表、播种沟或与肥料混合使用，但以颗粒剂效果较好。常规农药有：5%辛硫磷颗粒剂2.5kg/667m^2，或3%毒死蜱颗粒剂2kg/667m^2，加土适量做成毒土，均匀撒于地面并浅耙。

辛硫磷毒谷：每亩1kg，煮至半熟，拌入50%辛硫磷乳油0.25kg，随种子混播种穴内，亦可用豆饼、甘薯干、香油饼磨碎代用。

②成虫发生期的防治。喷洒菊酯类（如2.5%功夫乳油1000～1500倍）、有机磷类（如40.7%毒死蜱乳油1000倍液）等，对多种鞘翅目害虫均有良好防效。同时可兼治其他食叶、食花及刺吸式害虫。

V 苗期病害及防治

109. 松(杉)苗立枯病

Rhizoctonia solani Kühn.,*Pythium* spp.,*Fusarium* spp.

◎ 病原菌:

半知菌亚门 Mitosporic fungi 的立枯丝核菌 *Rhizoctonia solani* Kühn. 和 *Fusarium* spp. 等病原菌。

◎ 危害综述:

全省分布。危害多种针阔叶树木、花卉当年生幼苗。病原菌存在于土壤中,圃地有点状发病中心,易蔓延成块状,春季低温连阴雨、夏季高温高湿均易诱发。

症状表现为:

(1)种芽腐型,即种芽未露土就腐烂死去;

(2)梢腐型,刚出土的幼苗子叶尖端变褐色、腐烂钩头死亡;

(3)猝倒型,幼苗出土不久茎基变色、水渍状腐烂缢缩倒伏死亡;

(4)立枯型,幼苗茎木质化后根腐烂,苗木直立枯死。

◎ 病原菌图:

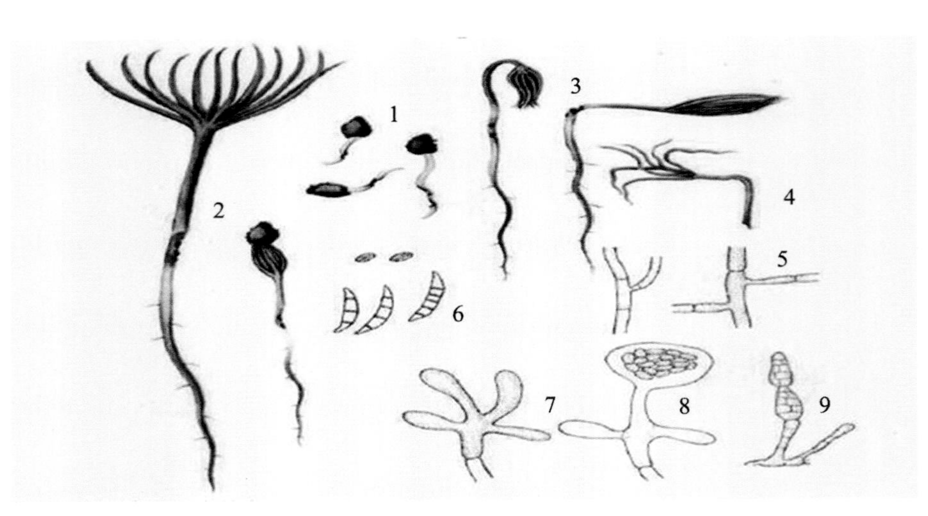

▲松(杉)苗立枯病

1. 种芽腐型;2. 梢腐型;3. 猝倒型;4. 立枯型;5. 丝核菌属 *Rhizoctonia* spp. 菌丝;6. 镰刀菌属 *Fusarium* spp. 大、小分生孢子;7、8. 腐霉菌属 *Pythium* spp. 游动孢子囊、孢子;9. 交链孢菌

◎ 危害图：

▲杉苗猝倒-阮建军　摄

◎ 防治措施：

(1)土壤管理。选择地势平坦、排水良好、疏松肥沃的地块育苗，前作发病严重的圃地轮作，无法轮换的老圃地进行土壤消毒。

(2)种期管理。认真选种、适时消毒、催芽、播种、控制土壤水分，保证苗齐、苗壮。

(3)苗期管理。点状发病初期拔除病苗、土壤消毒减少扩散。天晴土干，喷洒甲基托布津、百菌清、波尔多液。阴雨天土壤含水量高，用敌克松、甲基托布津拌细土、草木灰、石灰粉撒于发病区及周围。

110. 银杏根茎腐病

Macrophomina phaseoli(Maubl.)Ashby

◎ 病原菌：

半知菌亚门 Mitosporic fungi 的菜豆壳球孢 *Macrophomina phaseoli*(Maubl.)Ashby。

◎ 危害综述：

十堰、随州、孝感等地有分布。多危害1～2年生银杏实生苗，常造成幼苗大量死亡。该病原菌虽为弱寄生菌，但以菌核在土壤中广泛分布，且寄生植物众多，既有土传，又有种子带菌。感病初始苗基部变褐、皮层出现皱缩，后叶片失去正常绿色，并稍向下垂、不脱落，病部迅速向上扩展，病苗皮内组织腐烂呈海绵状或粉末状，灰白色，并夹有许多细小黑色的菌核；此后，病菌扩展至根，使根皮层腐烂至全株枯死。手拔病苗时只能拔出木质部，根部皮层仍留于土中。病菌亦能侵入幼苗木质部，髓部可见小菌核。银杏扦插苗在高温或低温的条件下发病时韧皮部薄壁组织全部发黑腐烂，使插穗表皮呈筒状套在木质部上。

◎ 危害图：

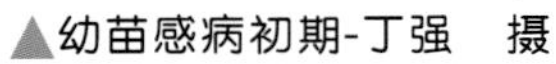

▲幼苗感病初期-丁强　摄

▲大苗感病后期-丁强　摄

◎ 防治措施：

（1）营林措施。合理轮作、施肥、密植，遮荫降温；及时清除病残物，减少侵染源。

（2）化学防治。苗期用青枯立克、波尔多液预防，发病初期喷恶霉灵、甲霜灵·锰锌、叶枯唑，后期喷甲基托布津、多菌灵。

VI 叶（果）病害及防治

111. 松疱锈病

Cronartium ribicola Fischer

◎ 病原菌：

担子菌亚门 Basidiomycotina 锈菌目 Uredinales 柱锈菌科 Cronartiaceae 的茶藨生柱锈菌 *Cronartium ribicola* Fischer。

◎ 危害综述：

十堰、宜昌、襄阳、孝感、黄冈、随州和恩施有零星分布。性孢子和锈孢子阶段感染华山松，夏孢子、冬孢子和担孢子阶段寄主为茶藨子属的灌木。罹病林木生长势下降、木材力学性质劣变，严重时死亡。病害发生部位肿大并有裂缝，性孢子于 8—9 月出现在皮层裂缝处，呈泪滴状，有甜味，初期为白色，后渐变为黄色或黄褐色，干枯留下"血迹"状斑点。3—5 月间，在上年病部产生具包膜的黄色囊状锈孢子器、锈孢子，此后多年可持续产生锈孢子器。5—7 月在茶藨子等转主植物叶背产生夏孢子，7—9 月从夏孢子堆生出冬孢子柱，冬孢子柱毛刺状，黄褐色至红褐色，成熟后萌发产生担子。

◎ 病原菌图：

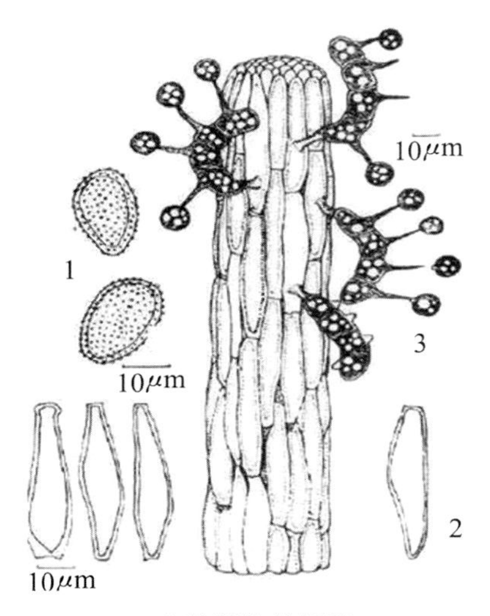

▲茶藨生柱锈菌

1.夏孢子；2.冬孢子；3.担孢及担孢子(邵力平绘)

◎ 防治措施：

(1)加强检疫。带病原木、苗木、茶藨子(醋栗)均要及时处理或销毁。

(2)处理疫木。带皮原木用溴甲烷熏蒸处理或在林区搁置 1 年后调运。

(3)化学防治。采用烯唑醇、三唑酮、丙环唑喷雾，间隔 12～15 天交替用药。

◎ 危害图：

▲松疱锈病锈孢子、蜜滴-付群　摄

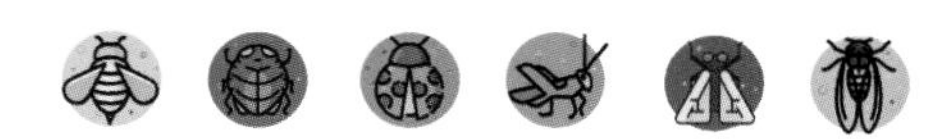

112. 松瘤锈病

Cronartium quercuum(Berk.)Miyabe ex Shiral

◎ 病原菌：

担子菌亚门 Basidiomycotina 锈菌目 Uredinales 柱锈菌科 Cronartiaceae 的栎柱锈菌 *Cronartium quercuum* (Berk.)Miyabe ex Shiral。

◎ 危害综述：

全省各地均有分布。危害马尾松干、枝，转主阶段在栎树上成叶锈病，树木感病后生长下降、木材力学性质劣变，或瘤上部的枝条、树干日久枯死、风折。松瘤锈病菌入侵潜育2～3年，瘤形成于马尾松干、枝处，通常圆形、大小不等，感病部位肿大并有纵深裂缝。性孢子每年1—2月形成，4月出现锈孢子后转主栎树，5—6月产生夏孢子，7—8月产生冬孢子，9—11月产生担子、担孢子再入侵松树。

◎ 病原菌图：

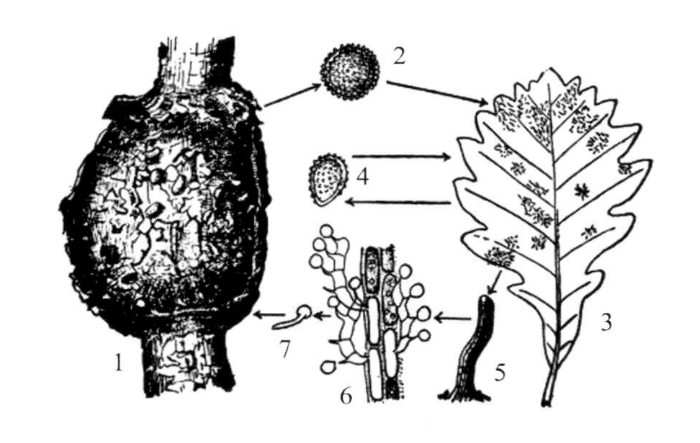

▲栎柱锈菌

1. 病瘤上的疱囊；2. 锈孢子；3. 栎叶上的冬孢子柱；
4. 夏孢子；5. 冬孢子柱放大；
6. 冬孢子萌发产生担子及担孢子；7. 担孢子萌发的状态

◎ 危害图：

▲发病症状-肖艳华 摄

▲栎锈病(转主)-江建国 摄

◎ 防治措施：

(1)营林措施。成林适度疏伐、清除感病严重的树木及病枝。

(2)化学防治。采用代森锰锌、甲基托布津等杀菌剂交替喷雾。

113. 马尾松赤枯病

Pestalotiopsis funerea(Desm.)Stey

◎ 病原菌：

半知菌亚门 Mitosporic fungi 的枯斑盘多毛孢 *Pestalotiopsis funerea*(Desm.)Stey。

◎ 危害综述：

全省分布。危害马尾松、黑松、黄山松、油松、华山松、火炬松、湿地松，以及杉木、柳杉、金钱松等，以马尾松、湿地松、火炬松受害最重。常与松赤落叶病、落针病混合发生，感病后树木年均主梢生长量明显降低。病菌以菌丝和分生孢子在树上病叶中越冬，分生孢子全年可扩散。病菌主要危害幼林新叶，少数老叶也受害，受害叶初现褐黄色或淡黄棕色段斑，后变淡棕红色，最后呈浅灰色或暗灰色，病斑边缘褐色。病部散生圆形或椭圆形，由白膜包裹的黑色小点，即病原菌的分生孢子盘。根据病斑上、下部叶组织是否枯死，分叶尖枯死型、叶基枯死型、段斑枯死型和全株枯死型 4 种症状。

◎ 病原菌图：

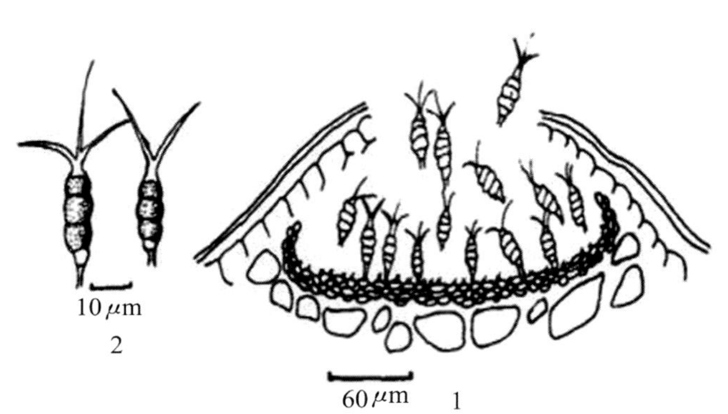

▲枯斑盘多毛孢

1. 病原菌分生孢子盘；2. 分生孢子(陈守常、胡炳福绘)

◎ 危害图：

▲马尾松赤枯病-曾文豪　摄

◎ 防治措施：

(1)营林措施。发病林地适度疏伐，清除感病严重的树木。

(2)化学防治。5—8 月用百菌清、多菌灵、代森锰锌自制烟剂或益力 1 号烟剂杀菌。

114. 松枯梢病

Sphaeropsis sapinea(Fr.:Fr)Dyko et Sutton.

◎ 病原菌:

半知菌亚门 Mitosporic fungi 的松球壳孢 *Sphaeropsis sapinea*(Fr.:Fr)Dyko et Sutton.,[*Diplodia pinea pinea*(Desm.)Kickx.]。

◎ 危害综述:

武汉、黄石、宜昌、荆门、孝感、黄冈、咸宁和恩施有分布。危害湿地松、火炬松、马尾松、黑松,发病有枯梢、溃疡斑、枯叶三种类型。病菌以菌丝或分生孢子器在病梢、病叶上越冬。发病初期嫩梢出现溃疡斑、流脂白色或深蓝色,针叶死亡,以后部分溃疡愈合,有的继续扩展,致使顶梢弯曲,形成枯梢,病斑环绕枝干后树木死亡,木材有蓝变。马尾松抗病能力较湿地松、火炬松强;石灰岩、片麻岩、红砂岩、花岗岩发育成的土壤造林地发病重,发病高峰树龄在7~11年生,生长势衰弱的林地发病重。

◎ 病原菌图:

▲松球壳孢

1.分生孢子器;2.分生孢子

◎ 危害图:

▲马尾松受害状-余小军 摄

▲马尾松受害状-易光华 摄

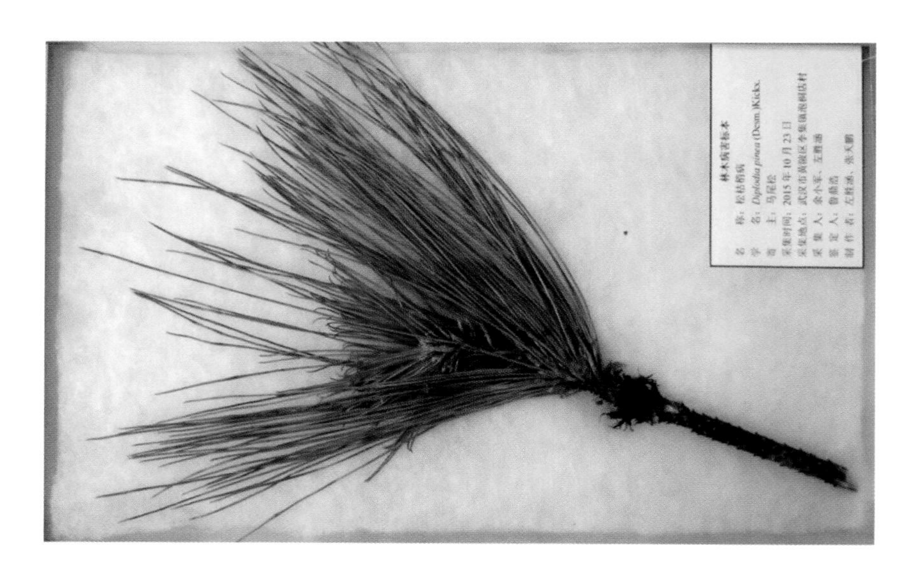

▲马尾松受害状-余小军　摄

◎ 防治措施：

（1）营林措施。适地适树，石灰岩、红砂岩和花岗岩发育的土壤避免栽种国外松；加强管理，增强树势，剪除枯梢、病枝并集中销毁。

（2）化学防治。甲基托布津、多菌灵交替喷施。

115. 马尾松赤落叶病

Hypoderma desmazierii Duby

◎ 病原菌：

子囊菌亚门 Ascomycotina 斑痣盘菌目 Rhytismatales 斑痣盘菌科 Rhytismataceae 的皮下盘菌 *Hypoderma desmazierii* Duby。

◎ 危害综述：

全省分布。危害马尾松、黑松、火炬松、湿地松等。病菌主要危害幼林1年生新叶，受害针叶枯红，严重时林分一片枯红似火烧，翌年枯落。不仅影响树木生长，多年感病后树势衰弱，导致次期害虫危害，加速松树死亡。病菌以菌丝在病叶上越冬，翌年2月产生无性子实体，5—10月均可产生分生孢子，5月产生有性子实体，6月子囊孢子成熟，7月大量扩散，10月停止发病。

◎ 病原菌图：

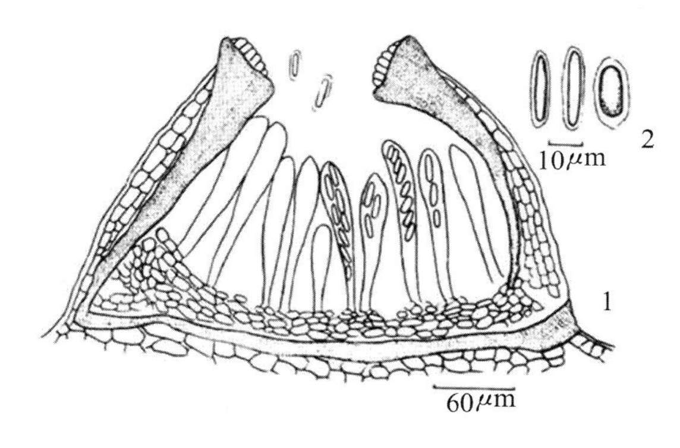

▲皮下盘菌

1. 病原菌子囊盘及子囊；2. 子囊孢子（陈守常、胡炳福绘）

◎ 危害图：

▲马尾松受害状-丁强 摄

▲湿地松受害状-丁强 摄

◎ 防治措施：

同马尾松赤枯病防治措施。

116. 落叶松早期落叶病

Mycosphaerella larici-leptolepis Ito et al.

◎ 病原菌：

子囊菌亚门 Ascomycotina 座囊菌目 Dothideales 球腔菌科 Mycosphaerellaceae 的日本落叶松球腔菌 *Mycosphaerella larici-leptolepis* Ito et al.。

◎ 危害综述：

恩施、宜昌、襄阳等地有分布。危害日本落叶松幼苗、幼树、成林。以5～20年生林分发病为重，郁闭度>0.8时病重，纯林重于混交林。感病后提早50天左右落叶，影响当年生长量，罹病后的人工林翌年发叶晚，连发病3～4年可造成树木死亡。发病初期叶尖端或中部出现2或3个黄色斑点，逐渐扩大为红褐色段斑，斑上生小黑点，严重时全叶变褐，树冠像火烧一样，8月中下旬即大量落叶。

◎ 病原菌图：

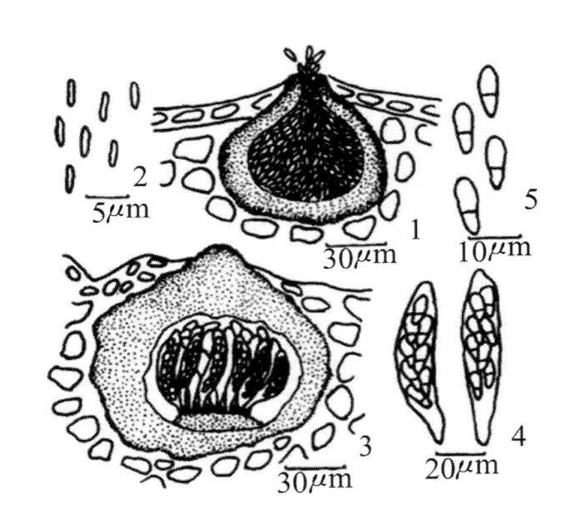

▲日本落叶松球腔菌

1.性孢子器；2.性孢子；3.座囊腔；4.子囊；5.子囊孢子

◎ 危害图：

▲叶部受害状-丁强　摄

▲枝条受害状-丁强　摄

▲日本落叶松受害状-丁强、陈亮　摄

◎ 防治措施：

（1）营林措施。适地适树，加强抚育管理，及时修枝、合理间伐。

（2）化学防治。用百菌清、落枯净、代森锰、代森铵等喷冠。

117. 杉木炭疽病

Colletotrichum gloeosporioides Penz.

［*Glomerella cingulata*（Stonem.）Spauld. et Schrenk］

◎ 病原菌：

半知菌亚门 Mitosporic fungi 的盘长孢状刺盘孢 *Colletotrichum gloeosporioides* Penz.；有性型为子囊菌亚门 Ascomycotina 黑痣菌目 Phyllachorales 黑痣菌科 Phyllachoraceae 的围小丛壳 *Glomerella cingulata*（Stonem.）Spauld. et Schrenk。

◎ 危害综述：

全省分布。病原菌危害杉木、北美圆柏、泡桐属、杨属、樟、刺槐等。低山丘陵地区的人工幼林感病较普遍且严重，生理原因引起的黄化针叶更容易感病。病菌春季侵染杉木主要是幼树先年秋梢形成"颈枯"，随后针叶先端枯死，嫩梢头枯死后多弯曲下垂；秋季发病危害新老针叶和嫩梢，在老枝上，通常只危害针叶，茎部较少受害。枯死的病叶两面生有黑色小点状分生孢子盘，高湿条件下出现粉红色孢子堆。

◎ 病原菌图：

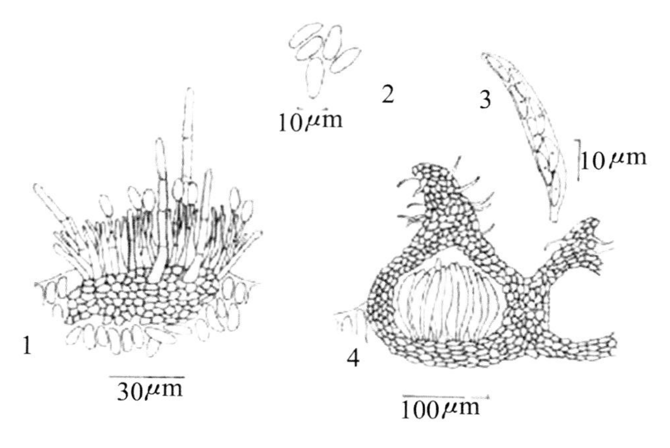

▲杉木炭疽病

1. 分生孢子盘；2. 分生孢子；3. 子囊及子囊孢子；4. 子囊壳（李传道绘）

◎ 危害图：

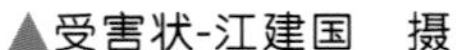

▲受害状-江建国 摄

▲主梢“颈枯”症状-丁强 摄

◎ 防治措施：

(1)营林措施。适地适树，提高整地标准和造林质量，适时抚育，除萌去孽、压青施肥，促使幼林健壮生长，增强林木抗病能力。

(2)化学防治。早春病菌侵染期，幼树用甲基托布津、多菌灵、百菌清喷雾，已郁闭的林地用烟剂防治。

118. 柳杉赤枯病

Cercospora sequoia Ell. et Ev.

◎ 病原菌：

半知菌亚门 Deuteromycotina 丝孢纲 Hyphomycetes 丝孢目 Moniliales 尾孢属 *Cercospora* 的巨杉尾孢菌。

◎ 危害综述：

恩施有分布。主要危害柳杉，苗木、幼树枝、叶易感病。病菌以菌丝和子座在病枝叶组织内越冬，翌春4—5月产生分生孢子形成初侵染，由风雨传播经气孔侵入，约3周后出现新的症状产生分生孢子再侵染循环。苗木下部首先发病，初为褐色小斑点，后扩大并变成暗褐色，病害逐渐发展蔓延到上部枝叶，常使苗木局部枝条或全株呈暗褐色枯死，病斑上有稍突起的黑色小霉点，病害也可直接危害绿色主茎或从小枝、叶扩展到绿色主茎上，形成暗褐色或赤褐色稍下陷的溃疡斑，发展包围主茎1周后上部枯死。有时主茎上的溃疡斑扩展不快，但不易愈合，随着树干的直径生长逐渐陷入树干中，形成沟状病部。

◎ 病原菌图：

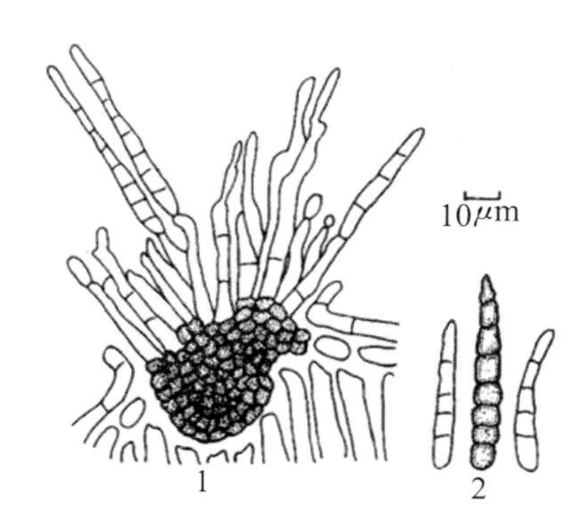

▲巨杉尾孢菌

1.子座、分生孢子梗及分生孢子；2.分生孢子

◎ 危害图：

▲柳杉受害状-余学武　摄

▲柳杉受害状-丁强　摄

◎ 防治措施：

(1)清除病源。尽可能彻底清除病株、枝，减少初次侵染来源。

(2)培育壮苗。合理施肥，提高苗木抗性，培育无病壮苗。

(3)化学防治。发病前用0.5%等量式波尔多液，发病时25%的多菌灵、401抗菌剂交替用药。

119. 圆柏叶枯病

Alternaria alternaria (Fr.:Fr.) Keissl. (*Alternaria tenuis* Nees)

◎ 病原菌：

半知菌亚门 Mitosporic fungi 的链格孢 *Alternaria alternaria*(Fr.:Fr.)Keissl.。

◎ 危害综述：

武汉、十堰、宜昌、孝感、随州和恩施等地有分布。该病菌危害柏类鳞叶、针叶及嫩梢，小树发病重，大树、古树也可发病；发病后树冠稀疏、生长势弱，观赏性降低。感病初期，鳞叶、针叶由深绿色变为黄绿色，枯黄无光泽，引起针叶早落；针叶上的病斑向下蔓延至嫩枝，使嫩梢褪绿，变黄绿色到枯黄色，发病严重时枯黄针叶布满树冠呈黄褐色。该病菌以菌丝在病枝上越冬，次年春天产生分生孢子，成为初侵染源；分生孢子由气流传播，小雨有利于分生孢子形成和释放；伤口侵入，潜育期 6～7 天，始发期为 5—6 月，盛发期在 7—9 月。

◎ 病原菌图：

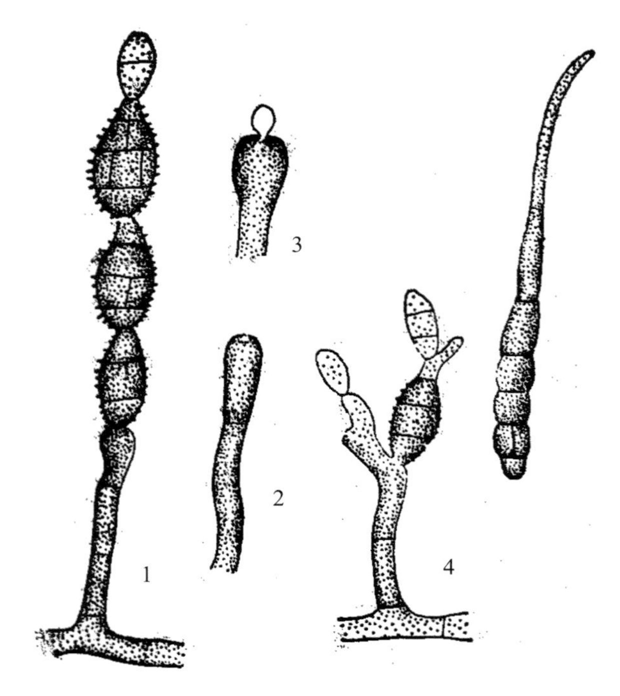

▲链格孢

1. 分生孢子梗和链生的分生孢子；2. 不分枝的孢梗；3. 芽殖的分生孢子；4. 分生孢子

◎ 危害图：

▲圆柏针叶感病-丁强　摄

▲圆柏鳞叶感病-古剑　摄

▲圆柏圃地感病-丁强　摄

◎ 防治措施：

（1）营林措施。清除枯枝落叶，减少侵染来源；加强水肥管理，增强树势，提高抗病能力。

（2）化学防治。5 月喷洒波尔多液、代森铵、甲基托布津 2～3 次，10～15 天 1 次。

120. 杨树黑斑病

Marssonina brunnea（Ell. et Ev.）Sacc.、*Marssonina populi*（Lib.）Magn.

◎ 病原菌：

半知菌亚门 Mitosporic fungi 的杨盘二孢 *Marssonina populi*（Lib.）Magn. 和杨褐盘二孢 *Marssonina brunnea*（Ell. et Ev.）Sacc.。

◎ 危害综述：

全省大部有分布。危害黑杨、欧美杨。病菌以菌丝在落叶或枝梢病斑中越冬。5 月初病菌产生的分生孢子由气孔侵入叶片，从出现病状到形成分生孢子进行再侵染约需 10 天。危害杨树叶片形成角状、近圆形或不规则的黑褐色病斑，病斑多时连成不规则的大块斑。春季、初夏萌发的叶受到侵染后在秋季高温高湿环境暴发，树冠内膛、中下部老叶整片变黑，提早 1～2 个月脱落。

◎ 病原菌图：

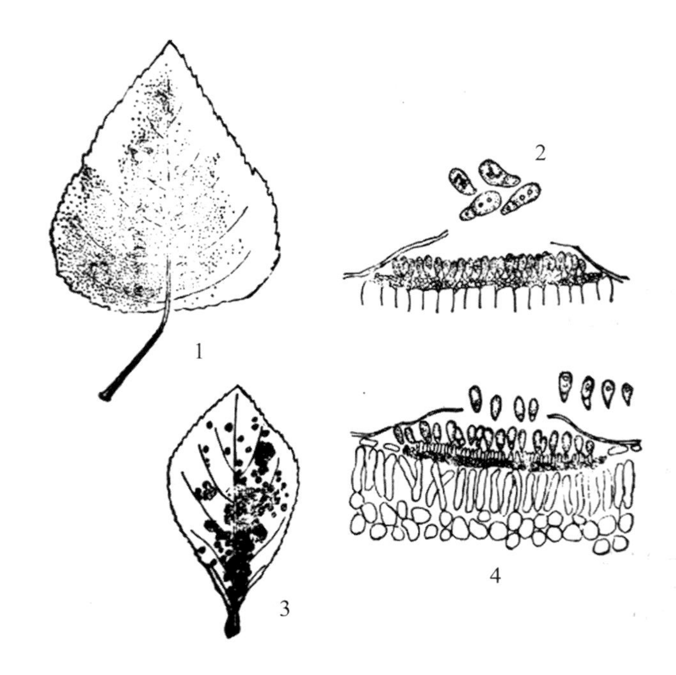

▲杨盘二孢和杨褐盘二孢

1. 加杨黑斑病病叶；2. *Marssonina populi* 分生孢子盘和分生孢子；
3. 小叶杨黑斑病病叶；4. *Marssonina brunnea* 分生孢子盘和分生孢子

◎ 危害图：

▲黑杨感病初期-丁强　摄

▲黑杨感病症状-丁强　摄

▲林网受害状-丁强　摄

▲滩涂林受害状-陈亮　摄

◎ 防治措施：

（1）营林措施。加强品种管理，慎用北方杨树品系育苗、造林。

（2）化学防治。苗圃4—7月代森锰锌、百菌清、多菌灵、甲基托布津交替用药，10～15天1次，防止苗木带菌出圃；林地春末至仲夏用百菌清烟剂或氟硅唑喷烟杀菌。

121. 核桃细菌性黑斑病

Xanthomonas campestris pv. *jualandis*（pierce）Dye

◎ 病原菌：

原细菌门 Proteobacter 黄单胞菌目 Xanthomonadales 黄单胞菌科 Xanthomonadaceae 的野油菜黄单胞杆菌核桃致病变种 *Xanthomonas campestris* pv. *jualandis*（pierce）Dye。

◎ 危害综述：

十堰、宜昌、襄阳、荆州、随州和恩施等地有分布。危害胡桃属、山核桃属。病菌在病枝梢或芽内越冬。春季泌出细菌液借风雨传播，病菌从皮孔或伤口侵入幼果、叶片、嫩枝危害。粉虱、蚜虫、蜜蜂、蚂蚁、带病花粉传播本病。5—8月反复侵染，高温高湿发病严重。叶片感病后，沿叶脉出现小黑点，嫩叶病斑褐色、多角形，老叶病斑圆形，中央灰褐色，边缘褐色，外围有半透明晕圈，后期病斑中央灰色或穿孔，病斑互相连片后叶片发黑。叶柄、嫩梢、枝条病斑长梭形、褐色、稍凹陷。幼果感病表皮褐色油浸状小斑点，后扩大成圆形或不规则形黑斑渐凹陷，有水渍状晕纹，果仁变黑腐烂；老果被侵染外果皮后由外向内腐烂、早落。

◎ 危害图：

▲叶片感病-丁强　摄

▲果实感病-肖艳华　摄

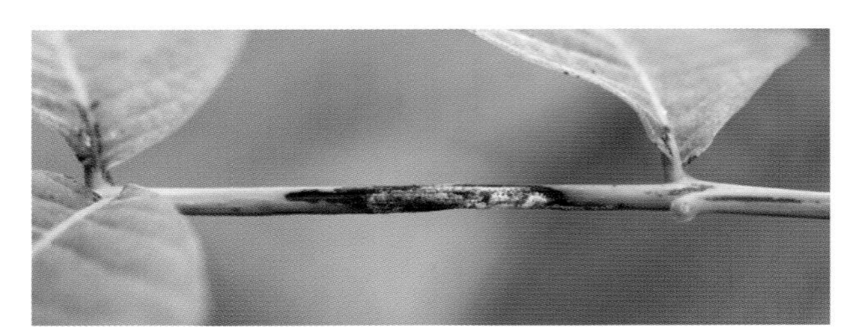

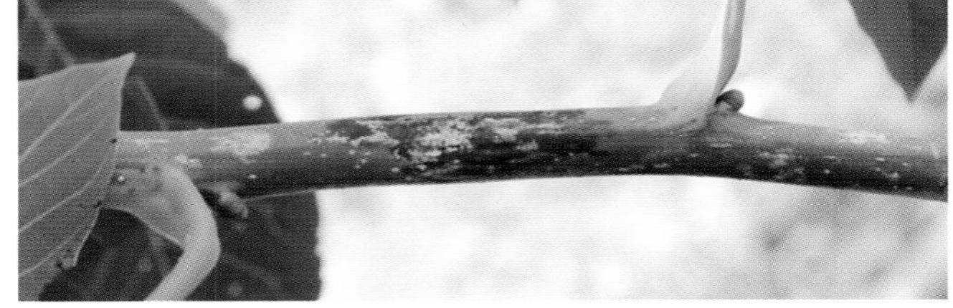

▲叶柄、枝条感病-丁强　摄

▲苗圃感病状-祝艳红　摄

◎ 防治措施：

(1)营林措施。选用本地抗病优良品种，改造引进的易感病品种；及时清除病果。

(2)化学防治。萌芽前喷 2～3 波美度石硫合剂；萌芽后喷 1～3 次倍量式波尔多液，出现病斑前用噻菌

铜、叶枯唑、宁南霉素隔 7～10 天喷洒 1 次。

122. 核桃褐斑病

Marssonina juglandis(Lib.)Magn.

◎ 病原菌:

半知菌亚门 Mitosporic fungi 的核桃盘二孢 *Marssonina juglandis*(Lib.)Magn. 。

◎ 危害综述:

宜昌、十堰等地有分布。危害核桃叶片、嫩梢和果实。叶片出现近圆形或不规则形病斑,中间灰褐色,边缘暗黄绿色至紫褐色。病斑常融合一起,形成焦枯死亡,周围常带黄色至金黄色,病叶容易早期脱落;嫩梢发病,出现不规则形稍凹陷褐色病斑,边缘深褐色,病斑中间常有纵向裂纹;果实发病后期病部表面散生黑色小粒点,为分生孢子盘和分生孢子,果实上的病斑较叶片上的小,凹陷,扩展后果实变成黑色并腐烂。果实在硬核前易被病菌侵染,晚春初夏多雨时发病重。

◎ 病原菌图:

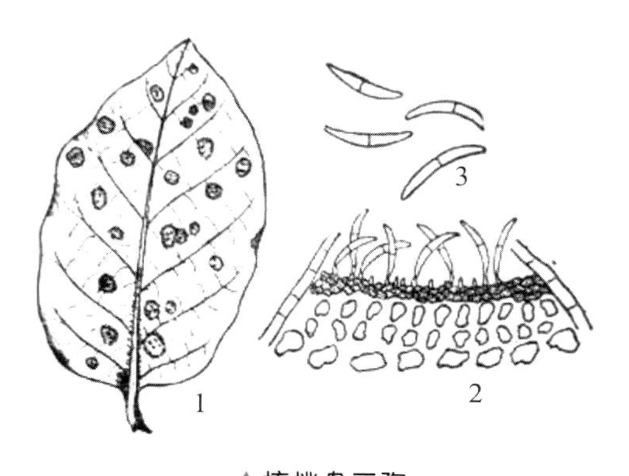

▲核桃盘二孢

1.病叶;2.分生孢子盘;3.分生孢子

◎ 危害图:

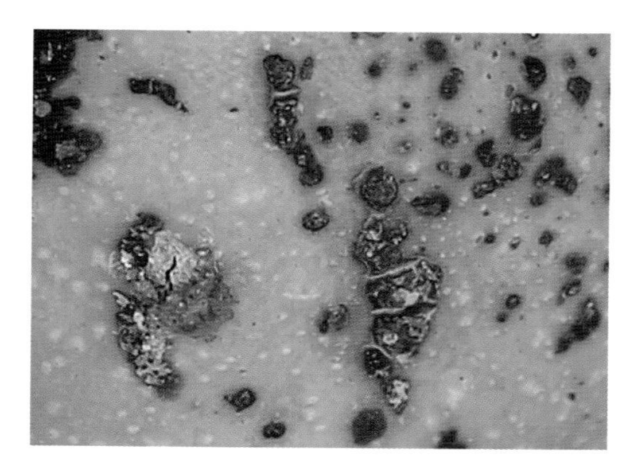

▲病果症状-江建国　摄

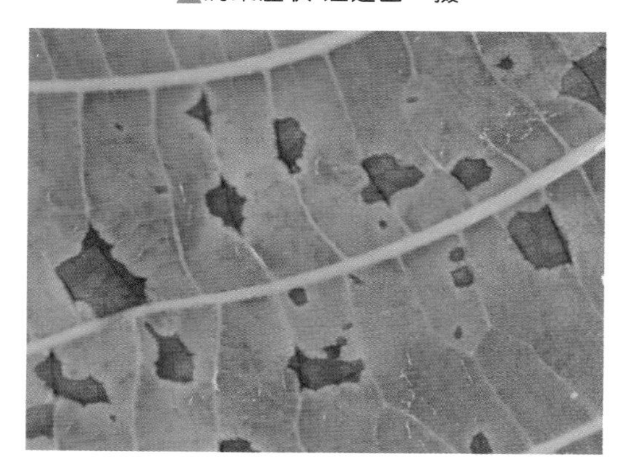

▲叶部病斑-张兴林　摄

▲枝条症状-江建国　摄

▲叶焦枯病状-曾令红　摄

▲核桃果实、叶片受害状-江建国　摄

◎ 防治措施：

(1)营林措施。冬春彻底清除病枝叶，深埋或烧毁；加强栽培管理，控制氮肥，增强树势；雨后排水，降低湿度。

(2)化学防治。发病前使用奥力克-靓果安，15 天用药 1 次，发病时采用甲基托布津、百菌清喷雾，10～15 天用药 1 次。

123. 油茶炭疽病

Glomerella cingulata(Stonem.)Spauld. et Schrenk;

Colletotrichum gloeosporioides Penz.

◎ 病原菌：

子囊菌亚门 Ascomycotina 黑痣菌目 Phyllachorales 黑痣菌科 Phyllachoraceae 的围小丛壳 *Glomerella cingulata*(Stonem.) Spauld. et Schrenk，无性型为半知菌亚门 Mitosporic fungi 的盘长孢状刺盘孢 *Colletotrichum gloeosporioides* Penz.。

◎ 危害综述：

全省大部均有分布。病菌侵染油茶、茶等，引起严重落果、落蕾、落叶、枝枯，甚至整株死亡。该病发病时间长、受害部位多，治理难、危害大。病菌以菌丝及分生孢子在病斑内越冬，翌年初侵染始于 4 月中旬，先嫩叶、新梢，再果实、花蕾。到 7、8 月病果脱落，至 10 月采果为止。病斑在不同部位有半圆形或椭圆形、不规则形及梭形，初褐色再褐黑，有轮纹及小黑点，后期中部灰白色，老枝及树干病斑溃疡状下陷，木质部呈黑色。

◎ 病原菌图：

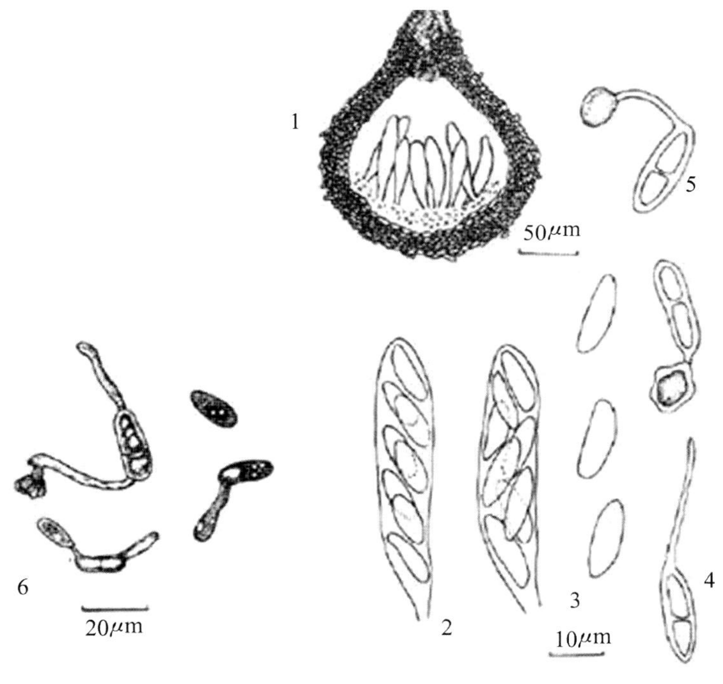

▲围小丛壳

1. 子囊壳；2. 子囊及子囊孢子；3. 子囊孢子；

4 子囊孢子萌发；5. 子囊孢子萌发后芽管先端附着器；

6. 分生孢子萌发(陈守常绘)

◎ 危害图：

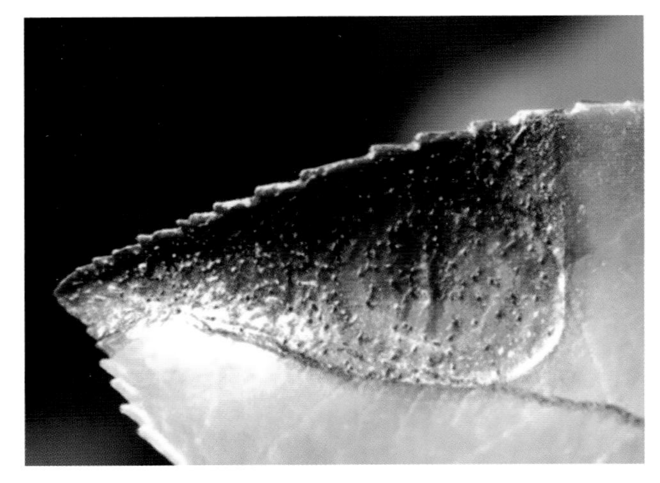

▲叶部病症-丁强　摄

▲叶部受害状-江建国　摄

◎ 防治措施：

（1）营林措施。选育抗病品种，种植密度不宜过大，少施氮肥，增施磷、钾肥；及时修剪，清除枯梢、病枝、病叶、病果和病蕾，减少初侵染来源。

（2）化学防治。新梢生长期喷等量式波尔多液；5—9 月用甲基托布津、百菌清、多菌灵交替喷雾。

124. 油茶软腐病

Agaricodochium camelliae Liu，Wei et Fan

◎ 病原菌：

半知菌亚门 Mitosporic fungi 的油茶伞座孢 *Agaricodochium camelliae* Liu，Wei et Fan。

◎ 危害综述：

武汉、十堰、荆州、咸宁、随州和恩施有分布。危害油茶、茶的叶、果实，致叶、果大量脱落，严重影响油茶生长和茶籽产量。病菌以菌丝和未发育成熟的蘑菇型分生孢子座在病组织越冬。翌年春季气温回升开始活动，产生蘑菇型分生孢子座和分生孢子，是初侵染源。3 月下旬开始发病，4—6 月为发病盛期，多雨的 10—11 月出现第 2 个发病高峰。嫩叶先发病，叶缘或叶尖的病斑扩展迅速，成“软腐型”，天晴病斑扩展缓慢，形成“枯斑型”；病害侵染未木质化的嫩梢和幼芽，使其很快凋萎枯死；果实 6 月开始发病，病部组织软化腐烂，有棕色汁液溢出，如高温干旱，病斑呈不规则开裂。

◎ 病原菌图：

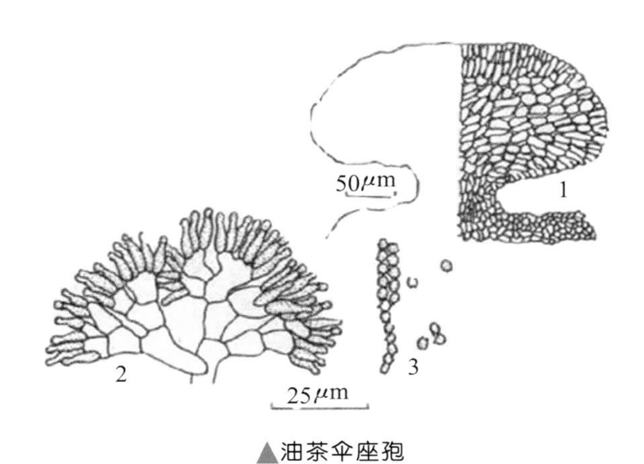

▲油茶伞座孢

1.分生孢子座；2.分生孢子梗和瓶状分生孢子梗；3.分生孢子(仿魏安靖绘)

◎ 危害图：

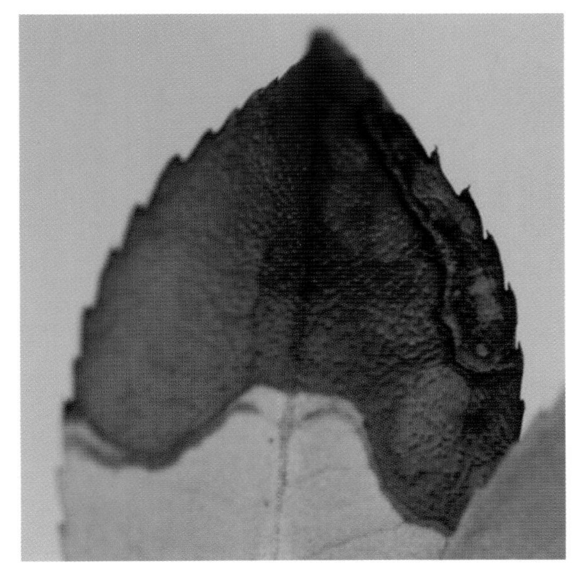

▲叶尖病斑-阮建军　摄

▲叶缘病斑-万召进　摄

◎ 防治措施：

(1)营林措施。适当修枝、疏伐，去病留健，去劣留优；冬季结合油茶林垦复，清除树上或地面的病叶、病果，消灭越冬病菌。

(2)化学防治。在春梢展叶后喷洒等量式波尔多液、多菌灵等。

125. 油茶茶苞病

Exobasidium gracile(Shirai)Syd

◎ 病原菌:

担子菌亚门 Basidiomycotina 外担菌目 Exobasidialcs 外担菌科 Exobasidiaceae 的细丽外担菌 *Exobasidium gracile*(Shirai)Syd。

◎ 危害综述:

黄石、孝感、咸宁和恩施有分布。病菌危害茶、樟、石楠等,不危害老叶,只危害新梢、花芽、叶芽、嫩叶,致其肥大变形,子房及幼果罹病膨大呈桃形,叶芽或嫩叶受害后,表现为数叶或整个嫩梢的叶片呈肥耳状,病部干缩后长期悬挂枝头不脱落。病菌有越夏特性,病害初侵染来源是越夏后成熟的担孢子,担孢子产生的次生小孢子萌发后,无营养菌丝阶段直接重复产孢。若叶片处在绿色阶段,能产生次要发病形态,即在病叶上形成数个圆形斑,有的相连成大斑,斑块比正常叶肥厚,后干枯变黑落叶。当叶片已呈深绿色,则病菌越夏待翌春再引起发病。

◎ 病原菌图:

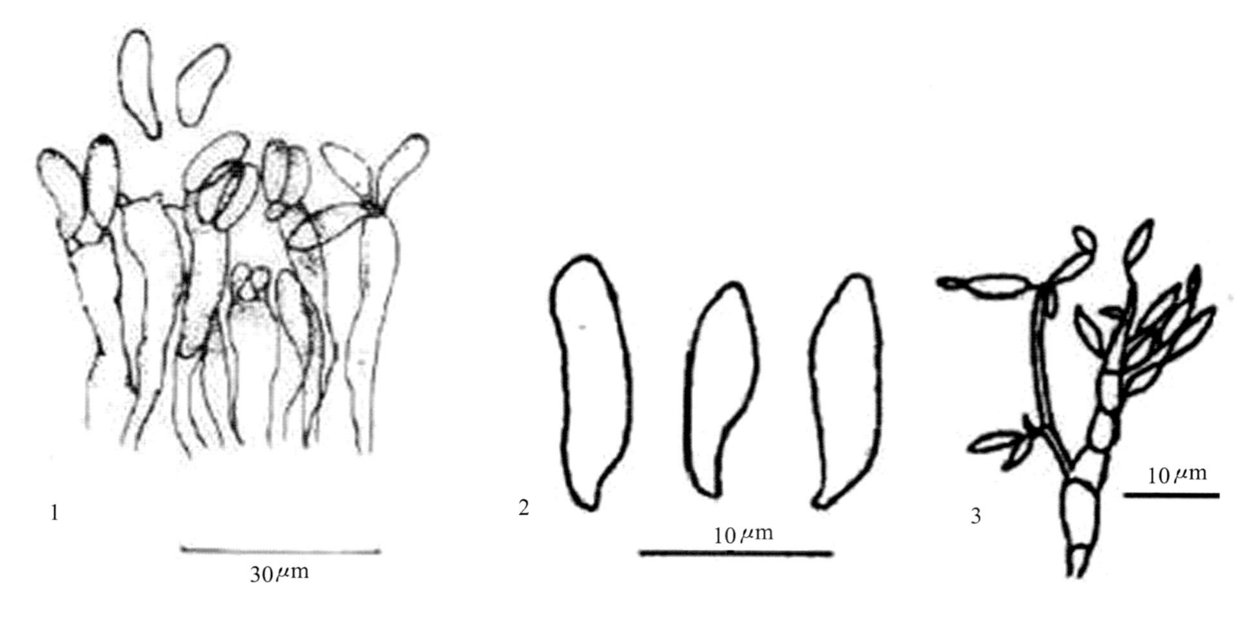

▲细丽外担菌

1. 担子及担孢子;2. 分生孢子;3. 分生孢子梗(2、3 仿阙生全绘)

◎ 危害图：

▲嫩叶肥大-何少华　摄

▲叶背破裂-万召进　摄

◎ 防治措施：

（1）营林措施。在担孢子成熟飞散前摘除病枝叶并集中烧毁或深埋。

（2）化学防治。发病前期喷洒等量式波尔多液、多菌灵等。

126. 梨赤星病（梨锈病）

Gymnosporangium asiaticum Miyabe ex Yamada；
Gymnosporangium yamadai Miyabe ex Yamada

◎ 病原菌：

担子菌亚门 Basidiomycotina 锈菌目 Uredinales 柄锈科 Pucciniaceae 的梨胶锈菌 *Gymnosporangium asiaticum* Miyabe ex Yamada 和山田胶锈菌 *Gymnosporangium yamadai* Miyabe ex Yamada。

◎ 危害综述：

全省分布。危害梨、苹果，转主危害圆柏属完成侵染循环。以菌丝在柏类上越冬，春季形成冬孢子角，遇雨吸水膨胀呈胶质瘤状，产生的担孢子随风传播可达 5 千米，侵染梨树幼嫩组织。幼叶病小斑橙黄色、有光泽，后为近圆形、边缘淡黄色、密生的小粒点（性孢子器），天气潮湿溢出浅黄色黏液即性孢子；病斑逐渐肥厚，正面微凹，背面凸生毛状物（锈孢子器），先端破裂后散出黄褐色粉末即锈孢子，病斑变黑，叶内卷枯死、早落。幼果病斑凹陷、木栓化，产生小黑点和毛状物（锈孢子器），形成畸形果，早落。新梢、叶柄、果柄病部稍隆起，也能长出毛状物（锈孢子器），后期病部龟裂，病部以上常枯死，易折断。在桧柏上危害嫩枝针叶，病部产生冬孢子角。

◎ 病原菌图：

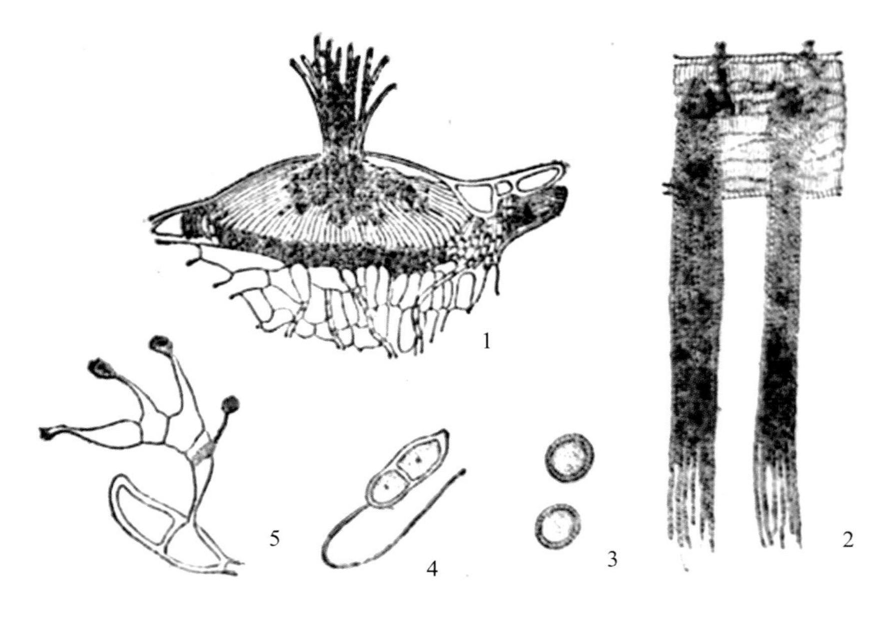

▲梨胶锈菌

1.性孢子器；2.锈孢子器；3.锈孢子；4.冬孢子；5.冬孢子萌发

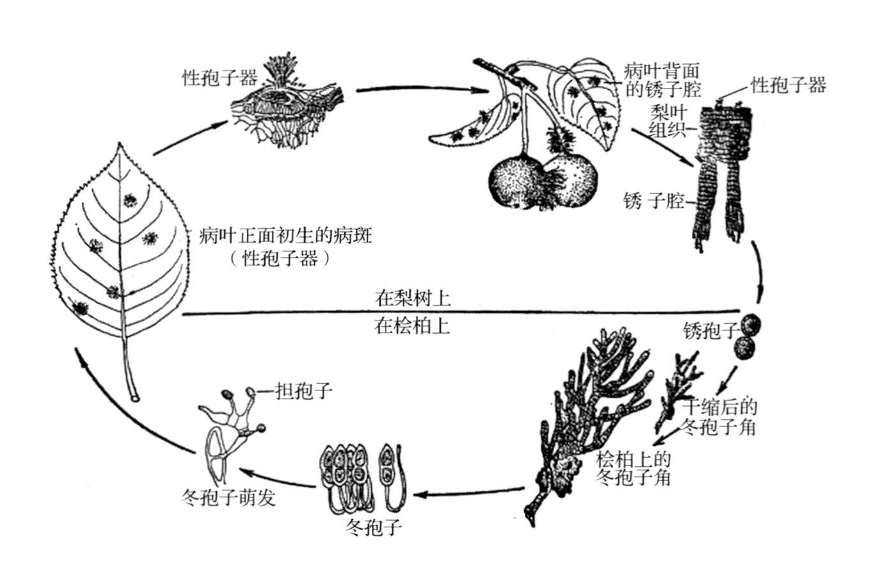

▲梨赤星病侵染循环图

◎ 危害图：

▲梨叶背锈孢子器-江建国　摄

▲梨叶正面病状-祁凯　摄

◎ 防治措施：

对梨树周围5千米内柏树，9月底喷1～2波美度石硫合剂，早春发芽前剪除柏树上菌瘿，喷4～5波美度石硫合剂，减少侵染源。梨树萌芽前至花期采用等量式波尔多液、代森锰锌喷冠，萌芽至展叶20天内施药，采用腈菌唑、戊唑醇、三唑酮、氯苯嘧啶醇、粉锈宁，10～14天喷洒1次。

127. 木瓜锈病

Gymnosporangium asiaticum Miyabe ex Yamada；
Gymnosporangium yamadai Miyabe ex Yamada

◎ 病原菌：

担子菌亚门 Basidiomycotina 锈菌目 Uredinales 柄锈科 Pucciniaceae 的梨胶锈菌 *Gymnosporangium asiaticum* Miyabe ex Yamada 和山田胶锈菌 *Gymnosporangium yamadai* Miyabe ex Yamada。

◎ 危害综述：

十堰、宜昌等地有分布。危害木瓜，转主危害圆柏属完成侵染循环。以菌丝在柏类上越冬，春季形成冬孢子角，遇雨吸水膨胀呈胶质瘤状，产生的担孢子随风传播可达5千米，侵染木瓜幼嫩组织。叶面最初现黄绿色小点，扩大后呈橙黄、橙红色有光泽的圆形病斑，边缘有黄绿色晕圈。病斑上着生针头大小橙黄色的小点粒（性孢子器），后期变为黑色。病组织肥厚，略向叶背隆起，其上有许多黄白色毛状物（锈孢子器），最后病斑变成黑褐色，枯死。叶柄、果实上的病斑明显隆起，果实畸形，多呈纺锤形。嫩梢感病病斑凹陷，易从病部折断。5—6月木瓜大量落叶、落果。

◎ 病原菌图：

同梨赤星病。

◎ 危害图：

▲木瓜叶面病状-杨毅　摄

▲木瓜叶背病状-赵兵　摄

▲木瓜叶受害状-邹坤　摄

▲木瓜落果病斑-徐正红　摄

◎ 防治措施：

(1)营林措施。加强果园管理，适度调整木瓜种植密度，果园周边不能种植柏木。

(2)化学防治。同梨赤星病。

128. 竹煤污病

Meliola phyllostachydis Yam.

◎ 病原菌：

子囊菌亚门 Ascomycotina 小煤炱目 Meliolales 小煤炱科 Meliolaceae 的刚竹小煤炱 *Meliola phyllostachydis* Yam.。

◎ 危害综述：

黄石、十堰、宜昌、荆州、黄冈、咸宁和恩施等地有分布。危害竹叶、枝、杆，菌丝表生、黑色，严重时整个叶片和小枝被菌苔覆盖，影响光合作用。以吸器伸入竹组织的表皮细胞内吸取养分，在叶片表面通常呈黑色圆形霉点，后扩展成不规则形或相互连接成一片，覆盖在叶表。

◎ 病原菌图：

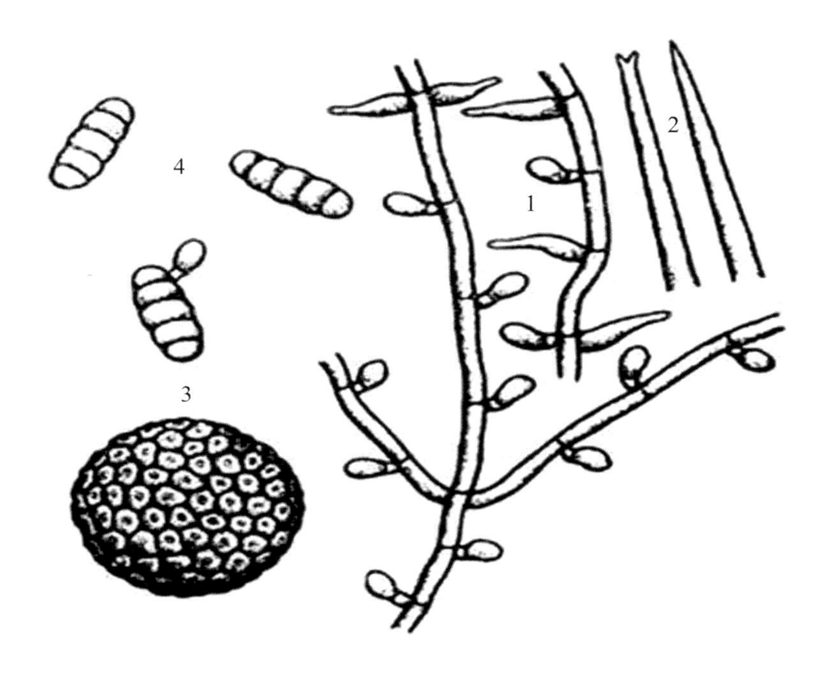

▲刚竹小煤炱

1. 菌丝具有头状附着枝和瓶状附着枝；2. 菌丝刚毛；3. 子囊壳；4. 子囊孢子

◎ 危害图：

▲竹叶病状-李传仁　摄

▲竹枝病状-张天鹏　摄

▲竹杆病状-张天鹏　摄

◎ 防治措施：

（1）营林措施。保持合理立竹密度，及时砍伐弱小竹和感病严重的病竹。

（2）化学防治。采用三唑酮、甲基托布津喷雾，7～10 天喷 1 次，连续喷 3 次。

129. 厚朴煤污病

Capnodium spp.、*Meliola butleri* Syd.

◎ 病原菌：

子囊菌亚门 Ascomycotina 座囊菌目 Dothideales 煤炱科 Capnodiacea 的 *Capnodium* spp. 和小煤炱目 Meliolales 小煤炱科 Meliolaceae 的巴特勒小煤炱 *Meliola butleri* Syd.。

◎ 危害综述：

恩施有分布，是高海拔山区厚朴林地的主要病害之一。由多种真菌引起，症状略有差异。感病后干、枝梢和叶面有一层煤烟状物，形成黑色小霉斑，后扩大连片，使整个叶面、嫩梢上布满黑霉层；发生严重时，浓黑色的霉层盖满全树的成叶及枝干，影响光合作用，抑制新梢生长；病叶黄萎，提早落叶，树木长势衰退、生长量下降。

◎ 病原菌图：

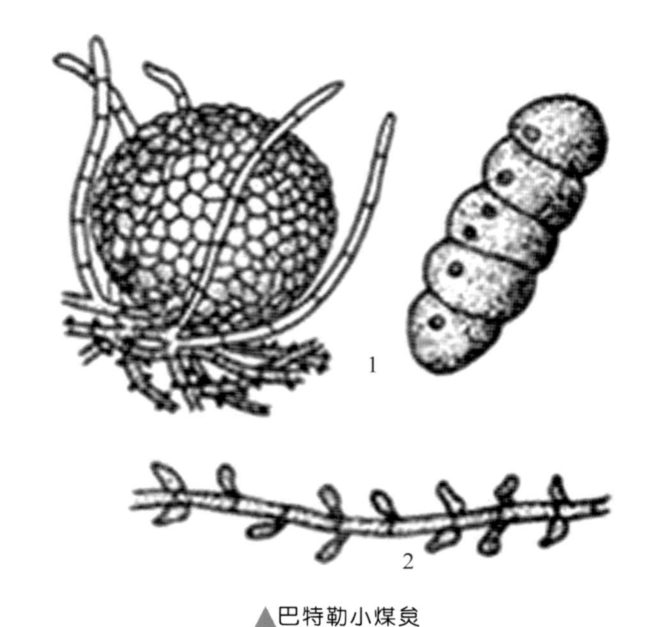

▲巴特勒小煤炱

1. 闭囊壳、子囊孢子；2. 菌丝体

◎ 危害图：

▲凹叶厚朴受害状-丁强　摄

▲小枝芽受害状-俞学武　摄

▲主干受害状-俞学武　摄

◎ 防治措施：

（1）营林措施。控制密度、适当修剪，降低林内湿度。

（2）防治媒介害虫。喷吡虫啉、速凯、抗蚜威防治厚朴新丽斑蚜、日本壶链蚧、叶蝉等。

（3）化学防治。休眠期喷 3～5 波美度石硫合剂，清除越冬病源；树木萌芽、展叶期喷等量式波尔多液，感病初期喷代森铵、多菌灵等。

130. 大叶黄杨褐斑病

Pseudocercospora destructiva(Ravenal)Guo et Liu

◎ 病原菌:

半知菌亚门 Deuteromycotina 的坏损假尾孢 *Pseudocercospora destructiva*(Ravenal)Guo et Liu。

◎ 危害综述:

十堰、宜昌、孝感、荆州和恩施等地有分布。危害大叶黄杨叶,病叶出现斑块坏死、叶枯脱落,影响树木生长和绿化景观。以菌丝体和子座在病叶或病落叶上越冬,翌年越冬病菌产生新的分生孢子传播。5月中旬开始发病,7—8月进入发病高峰。在此期间病叶开始脱落。湿度越大,发病越重。温度20~30℃最适发病,高温伏旱对病害有抑制作用。11月后发病基本停止。粗放管理、多雨、通风透光不好、春季天寒、夏季炎热、肥水不足,病害易发生。

◎ 危害图:

▲大叶黄杨受害状-丁强 摄

◎ 防治措施:

(1)营林措施。加强管理,避免绿篱修剪伤口多、植株过密、通风不良、氮肥过量、植株生长细弱等情况。

(2)化学防治。新梢生长期喷等量式波尔多液;5—9月用甲基托布津、百菌清、多菌灵等交替喷雾。

VII 枝干病害及防治

131. 松材线虫病

Bursaphelenchus xylophilus(Steiner et Buhrer)Nickle

◎ 病原物：

原生生物界 Protozoa 线虫类 Nematodes 滑刃目 Aphelenchida 滑刃科 Aphelenchoididae 的松材线虫 *Bursaphelenchus xylophilus*(Steiner et Buhrer)Nickle。

◎ 危害综述：

全省大部有分布。危害马尾松、华山松、黄山松、湿地松等。松树感染松材线虫病后 40 天即可死亡，松林感病后 3～5 年即可毁灭，是全球最重要的检疫性有害生物，是我国头号外来林业有害生物。松材线虫随松褐天牛啃食的伤口进入木质部，在树脂道中大量繁殖遍及全株，造成植株失水、树脂分泌急剧减少直至停止。感病树针叶褪绿后变为黄褐色、红褐色至萎蔫到整株枯死。树干上有蛀干害虫分割和产卵痕迹，病死树木质部呈蓝灰色。

◎ 病原物图：

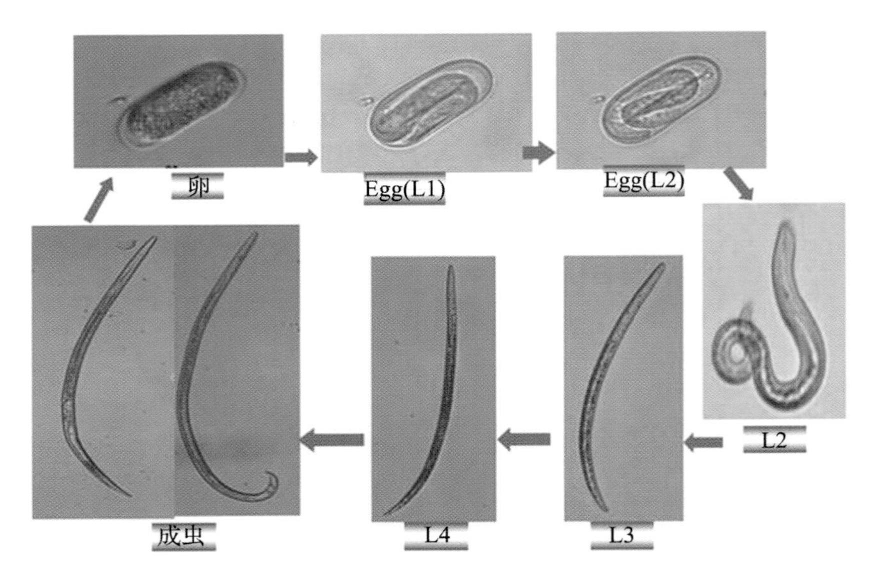

▲松材线虫个体发育世代

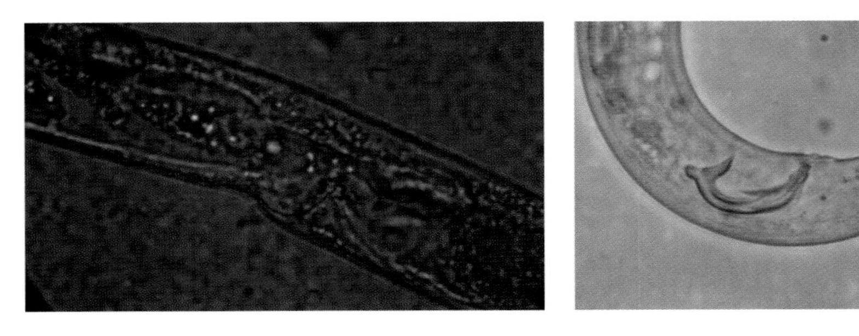

▲雌成虫阴门　　▲雄成虫交合刺

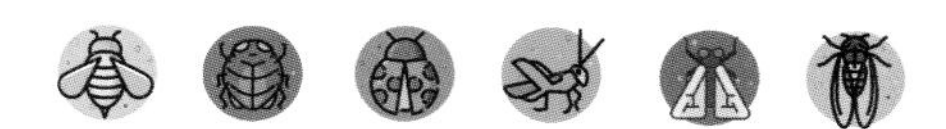

◎ 危害图：

▲马尾松受害状-陈亮　摄

▲华山松受害状-陈亮　摄

▲木材蓝变-曾博　摄

◎ 防治措施：

(1)疫情监测。凡是有松树分布的地方，及时发现、及时报告松树异常死亡疫情。

(2)检疫监管。严格按照松材线虫病相关法规开展检疫监管，严禁带疫松木及其制品流通。

(3)人工防治。清理病树：针对不同林地环境和发生情况，采用皆伐或间伐清理病死树、安全处理疫木、伐桩和采伐剩余物。诱捕器诱杀：松褐天牛羽化期采用诱捕器诱杀刚羽化的松褐天牛。诱木诱杀：松褐天牛羽化期，林间选取生长差松树注入引诱剂，待松褐天牛产卵后，将诱木集中烧毁。

(4)生物防治。在非松材线虫病疫区或疫点，林间释放花绒寄甲、肿腿蜂等天敌进行防治。

(5)化学防治。松褐天牛羽化期采用噻虫啉等防治。12 月至翌年 2 月，采用吡虫啉、甲维盐等进行树干打孔注药。

132. 落叶松枯梢病

Botryosphaeria laricina(Sawada)Shang

◎ 病原菌：

子囊菌亚门 Ascomycotina 座囊菌目 Dothideales 葡萄座腔菌科 Botryosphaeriaceae 的落叶松葡萄座腔菌 *Botryosphaeria laricina*(Sawada)Shang。

◎ 危害综述：

宜昌、襄阳和恩施等地有分布。该病危害日本落叶松幼苗、幼树，尤其对 6～15 年生树危害最重。只发生在当年新梢，先从主梢开始，逐渐向下扩展蔓延；早春感病枝梢顶部弯曲下垂呈钩状，发病较迟的新梢已木质化则呈直立型枯梢，病梢表面常有水滴状或块状松脂；年年发病后枯梢成丛，树冠呈扫帚状，材积生长显著下降，形成小老树，甚至整株死亡。病害 6—7 月初发生，7—8 月为流行盛期，9 月下旬终止。病菌以菌丝、未成熟子囊座或残存的分生孢子器在罹病枝梢及顶梢残留叶的表皮下过冬。

◎ 病原菌图：

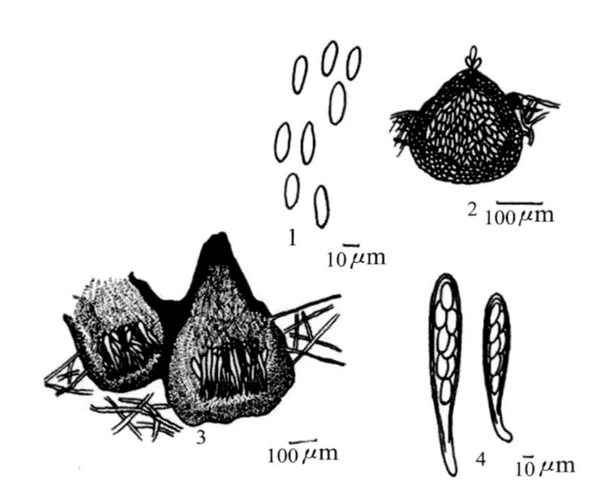

▲落叶松葡萄座腔菌

1. 分生孢子；2. 分生孢子器；3. 子囊座和子囊；4. 子囊和子囊孢子

◎ 防治措施：

(1)营林措施。苗木生长季节定期检查，发现病苗立即拔除、集中销毁；清除病腐木、剪除病梢。

(2)化学防治。郁闭度大的林分采用烟剂防治，幼林采用多菌灵、甲基托布津等喷雾。

133. 杨树腐烂病

Valsa sordida Nitsch.

◎ 病原菌：

子囊菌亚门 Ascomycotina 腐皮壳菌目 Diaporthales 黑腐皮壳科 Valsaceae 的污黑腐皮壳 *Valsa sordida* Nitsch.。

◎ 危害综述：

全省大部有分布。主要危害杨、柳、榆、桑属树木，有枯梢型和干腐型。发病与降雨、温湿度等气象条件有关。枯梢型初期病部皮层变色、无明显病斑，后枝梢失水枯死。干腐型感病皮部暗褐色水渍状、病斑菱形，皮层腐烂变软流出有酒糟味褐色液体，病斑失水下陷，有时龟裂，有明显的黑褐色边缘；后期病斑出现黑色针头状突起的分生孢子器，湿度大时由顶端挤出橘黄色、卷须状分生孢子角。在适宜发病条件下，病斑不断扩大，纵向扩展较横向快，当病斑绕树干一周时，上部枝干枯死，皮层腐烂，纤维分离，呈乱麻状，易自木质部剥离。

◎ 病原菌图：

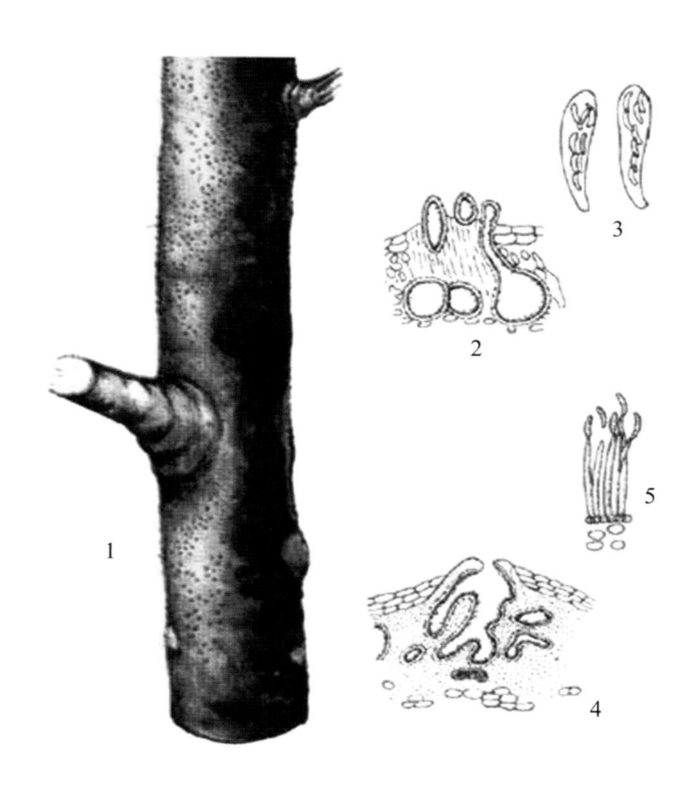

▲污黑腐皮壳

1. 树干上症状；2. 子囊壳；3. 子囊及子囊孢子；4. 分生孢子器；5. 分生孢子(董元绘)

◎ 危害图：

▲发病症状-丁强 摄

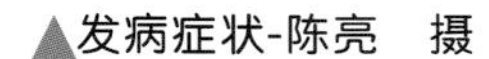

▲发病症状-陈亮 摄

▲发病症状-汪成林 摄

◎ 防治措施：

感病早期，3—4 月先刮除病斑，双效灵、蒽油、多菌灵、甲基托布津液涂于刮伤处，涂药 5 天后，在病斑周围再涂刷内疗素、腐植酸等促进愈合。

134. 杨树溃疡病

Botryosphaeria dothidea(Moug. ex Fr.)Ces. et de Not.

◎ 病原菌:

子囊菌亚门 Ascomycotina 座囊菌目 Dothideales 葡萄座腔菌科 Botryosphaeriaceae 的葡萄座腔菌 *Botryosphaeria dothidea*(Moug. ex Fr.)Ces. et de Not.。

◎ 危害综述:

全省黑杨、欧美杨栽植地均有分布。危害黑杨、欧美杨等。病菌以菌丝在落叶或枝梢病斑中越冬,危害主干和枝梢。早春3月下旬开始发病,4—5月为发病盛期,树皮上出现近圆形水渍状和水泡状病斑,严重时流出褐水,以后病斑下陷。病斑内部坏死范围扩大,当病斑在皮下连接包围树干时,上部即枯死。来年树皮病处出现轮生或散生小黑点(子座)。圃地苗木带病多导致造林失败。

◎ 病原菌图:

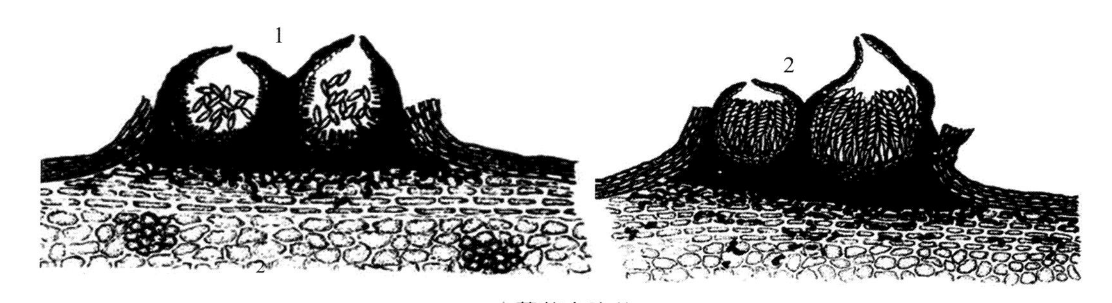

▲葡萄座腔菌

1. 分生孢子器;2. 子囊腔(曲俭绪绘)

◎ 危害图:

▲皮下坏死-丁强　摄

▲树干溃疡-肖艳华　摄

◎ 防治措施:

(1)营林措施。起苗、运输、假植、栽植等生产过程中,应尽量避免树干受伤。

(2)化学防治。苗圃地以秋防为主,林地春、秋防治相结合;采用退菌特、甲基托布津、多菌灵喷枝、杆,用石硫合剂涂刷病斑。

135. 板栗疫病

Cryphonectria parasitica（Murr.）Barr.

◎ 病原菌：

子囊菌亚门 Ascomycotina 腐皮壳菌目 Diaporthales 黑腐皮壳科 Valsaceae 的寄生隐赤壳 *Cryphonectria parasitica*（Murr.）Barr.。

◎ 危害综述：

全省大部均有分布。危害栗、栎类，感病后春季萌叶明显慢于同品种健康树，夏季枝条病叶枯黄凋萎不落，产量大幅下降，严重时死树毁园。3—4 月病菌开始活动，产生分生孢子，10 月下旬产生有性世代。发病初期皮层有圆形或不规则形水渍状病斑，病斑略隆起，逐渐扩大后包围枝干并纵向蔓延，湿度大时溢出褐色、有酒糟味汁液，后期干缩下陷、皮层开裂，病斑边缘有愈合隆起，皮下有污白色至淡黄色扇形菌丝层。春季感病部位产生橙黄色瘤状子座，潮湿时产生黄褐色、棕褐色胶质卷丝状分生孢子角，秋季子座为紫褐色，子座中出现子囊壳。

◎ 病原菌图：

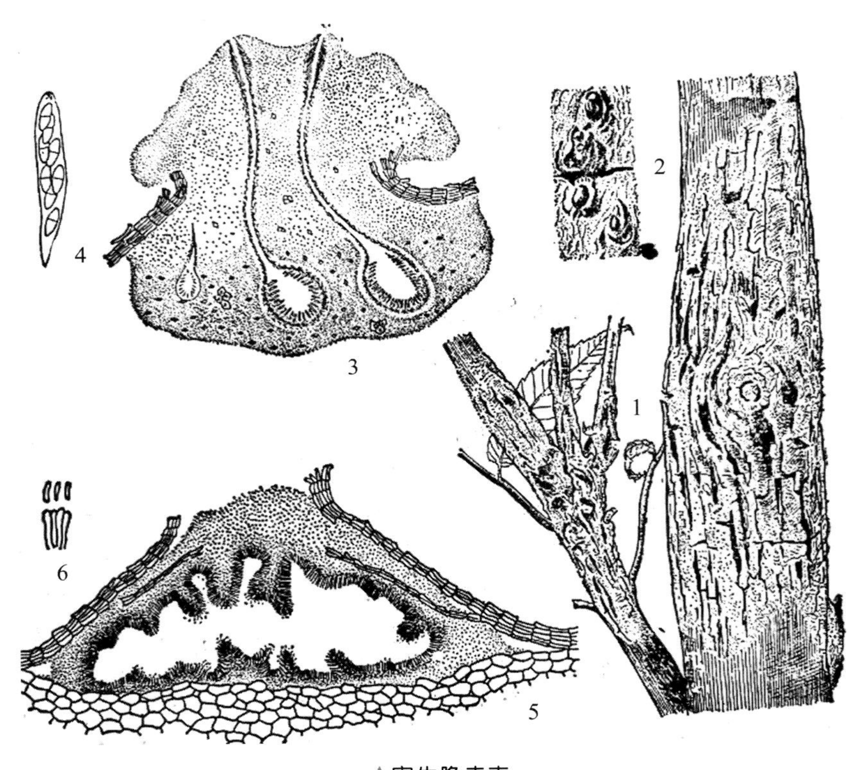

▲寄生隐赤壳

1. 病树干；2. 病部子座；3. 子座及子囊壳；4. 子囊及子囊孢子；5. 分生孢子座；6. 分生孢子梗及分生孢子

◎ 危害图：

▲发病症状-丁强　摄

▲叶枯、枝枯状-华祥　摄

◎ 防治措施：

(1)营林措施。加强种苗管理，不从发病的板栗产区引进栽培品种；清理栗园病树。

(2)化学防治。病斑，剪口、病部喷涂生物颉颃剂、代森锰锌、多菌灵等。

136. 板栗膏药病

Septobasidium spp.

◎ 病原菌：

担子菌亚门 Basidiomycotina 隔担子菌目 Septobasidiales 隔担子菌科 Septobasidiaceae 的多种隔担耳菌 *Septobasidium* spp.。

危害综述：

除江汉平原外全省分布。危害板栗、核桃、油桐、油茶、漆树、山茱萸、栎类等。菌丝侵入皮层吸取养分和水分，轻者使枝干生长不良，重者导致枝干枯死。在板栗上主要有褐色膏药病、灰色膏药病。病菌以菌膜在被害枝干上越冬，次年 5 月产生担子及担孢子。担孢子借风雨和介壳虫等昆虫传播蔓延，菌丝体形成厚而致密的膏药状菌膜，紧贴在枝干上。

病原菌图：

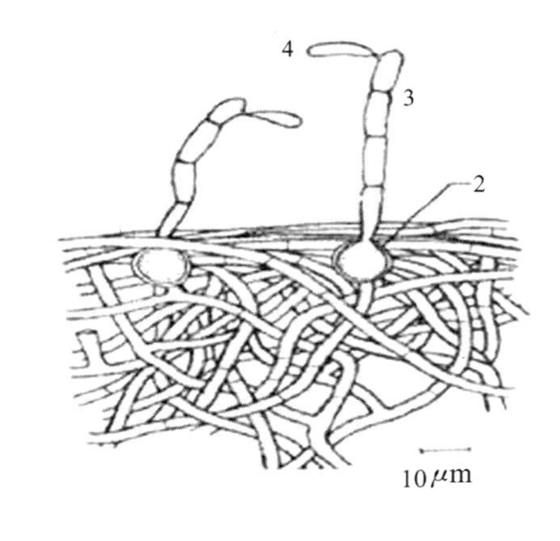

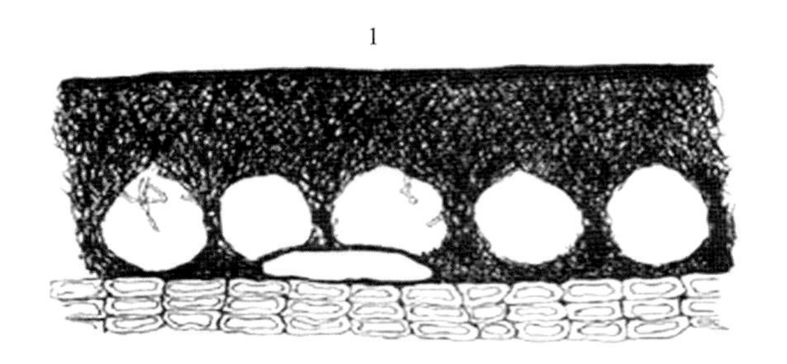

▲隔担耳菌

1. 担子果剖面；2. 原担子；3. 担子；4. 担孢子（仿邵力平绘）

危害图：

▲发病症状-丁强　摄

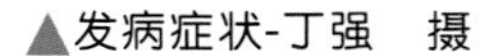

▲发病症状-丁强　摄　　▲枝枯-江建国　摄

防治措施：

（1）营林措施。调整种植密度，修剪重病枝干。

（2）化学防治。发病初期刮除病斑，并用硫酸铜或倍量式波尔多液涂刷。

137. 核桃枝枯病

Melanconis juglandis(Ell. et Ev.) Groves;
Melanconium juglandinum Kunze

◎ 病原菌:

子囊菌亚门 Ascomycotina 腐皮壳菌目 Diaporthales 黑盘壳科 Melanconidaceae 的胡桃黑盘壳 *Melanconis juglandis* (Ell. et Ev.) Groves,无性型为半知菌亚门 Mitosporic fungi 的核桃黑盘孢 *Melanconium juglandinum* Kunze。

◎ 危害综述:

十堰等地有分布。危害核桃枝干。以分生孢子盘或菌丝在枝条、树干病部越冬,翌年条件适宜时,分生孢子借风雨或昆虫传播蔓延,伤口侵入。枝条感病先侵入顶梢嫩枝,后向下蔓延至枝条和主干。枝条皮层初呈暗灰褐色,后变成浅红褐色或深灰色,并在病部形成黑色小粒点,即分生孢子盘,湿度大时,从分生孢子盘上涌出大量黑色短柱状分生孢子,如遇湿度增高则形成长圆形黑色孢子团块,内含大量孢子。感病枝条上的叶片逐渐变黄后脱落。该菌为弱寄生菌,生长衰弱的核桃树或枝条易感病,春旱或遭冻害年份发病重。

◎ 病原菌图:

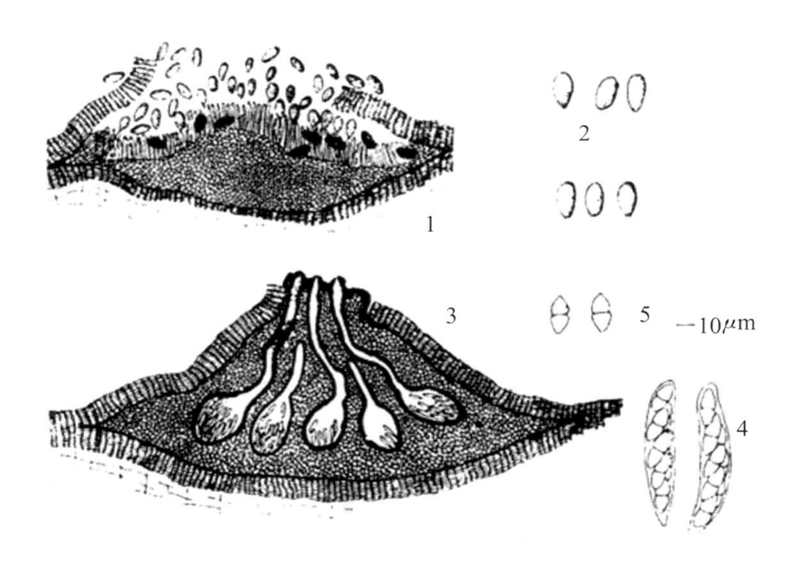

▲胡桃黑盘壳和核桃黑盘孢

1. 分生孢子盘;2. 分生孢子;3. 子囊壳座;
4. 子囊及孢子;5. 子囊孢子(邹力平绘)

◎ 危害图：

▲核桃受害状-祁凯　摄

◎ 防治措施：

（1）营林措施。加强管理，及时剪除病枝，增强树势，提高抗病力。

（2）化学防治。主干发病及时刮除病部，用1%硫酸铜液消毒，及时防治核桃害虫，避免造成虫伤或其他机械伤。

138. 核桃烂皮病

Cytcospora juglandicola Ell. et Barth.

◎ 病原菌：

半知菌亚门 Mitosporic fungi 的核桃生壳囊孢 *Cytcospora juglandicola* Ell. et Barth.。

◎ 危害综述：

十堰、恩施等地有分布。危害核桃。以菌丝或子座及分生孢子器在病部越冬，翌春核桃萌动后遇适宜条件，产出分生孢子，风雨或昆虫传播，伤口侵入。病害发生后逐渐扩展，4—5月是发病盛期，生长季节可发生多次侵染，直到越冬前才停止。幼树枝、干上病斑初近梭形，暗灰色水渍状肿起，病皮变褐有酒糟味、失水后下凹，病斑上散生小黑点即分生孢子器，湿度大时从小黑点上涌出橘红色胶质物即孢子角。大树主干感病初期症状隐蔽在韧皮部，外表不易看出，当皮下病部扩展显现病斑时流黏稠黑水；枝条感病后失绿，皮层充水与木质部分离致枝条干枯。

◎ 病原菌图：

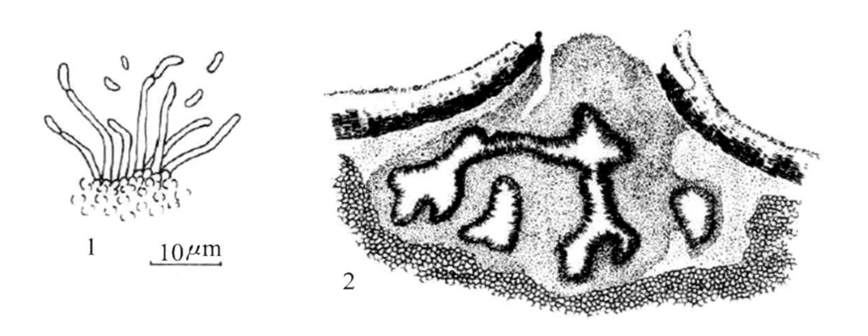

▲核桃生壳囊孢

1.分生孢子梗及分生孢子；2.分生孢子器（仿景耀绘）

◎ 危害图：

▲枝干受害状-肖艳华、周坤 摄

◎ 防治措施：

（1）营林措施。增施有机肥，合理修剪，增强树势，提高抗病力；冬季树干涂白，包扎防寒。

（2）化学防治。早春及发病初期及时刮除病斑，再用噻酶酮、甲基硫菌灵、腐必治、石硫合剂涂刷；生长期用苯菌灵、代森锌铵喷干。

139.核桃溃疡病

Botryosphaeria dothidea（Moug.ex Fr.）Ces.et de Not.；
Dothiorella gregaria Sacc

◎ 病原菌：

子囊菌亚门 Ascomycotina 座囊菌目 Dothideales 葡萄座腔菌科 Botryosphaeriaceae 的葡萄座腔菌

Botryosphaeria dothidea（Moug. ex Fr.）Ces. et de Not.。

◎ 危害综述：

十堰、襄阳等地有分布。危害核桃，多发生在树干及主、侧枝基部，影响产量、削弱树势，导致树木过早衰亡。以菌丝在病树皮内越冬，翌年4月气温回升后老病斑复发，分生孢子借风雨传播，伤口侵染。感病初期为褐黑色圆形病斑，后呈梭形或长条形病斑。在幼嫩光滑的树皮上病斑呈水浸状或水泡状，破裂后流出褐色黏液，很快变黑。病斑后期干缩下陷、中央开裂，韧皮部和内皮层腐烂坏死，可深达木质部，病斑环绕枝干1周会出现枯梢、枯枝或整株死亡。果实受害后，形成大小不等的褐色至暗褐色近圆形病斑，引起果实早落、干缩或变黑腐烂。

◎ 病原菌图：

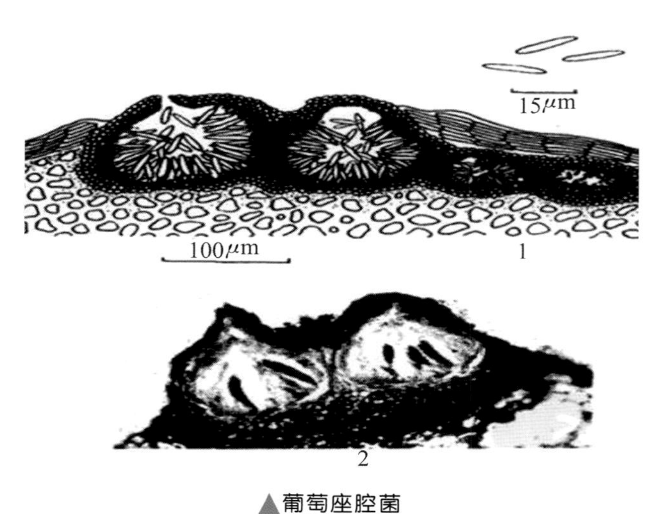

▲葡萄座腔菌

1. 分生孢子器及分生孢子；2 子囊壳

◎ 危害图：

▲枝条溃疡-丁强　摄

◎ 防治措施：

（1）营林措施。增施有机肥料，增强树势，修剪病枝并销毁。

（2）化学防治。采果后或在结果小年，采用石硫合剂、硫酸铜、波尔多液等喷雾杀菌；对树干病斑刮除到周边健康处，深至木质部，再用络氨铜涂抹病部，5天1次，连涂3次。

140. 桃流胶病

Botryosphaeria dothidea(Moug. ex Fr.)Ces. et de Not.

◎ 病原菌:

子囊菌亚门 Ascomycotina 座囊菌目 Dothideales 葡萄座腔菌科 Botryosphaeriaceae 的葡萄座腔菌 *Botryosphaeria dothidea*(Moug. ex Fr.)Ces. et de Not.。

◎ 危害综述:

全省大部有分布。危害桃、李、杏、樱桃等果树、观赏花卉。3 月开始出现,入冬以后流胶停止,引起树势早衰、减产,严重时甚至枯死。病原菌在病组织中越冬,翌年树萌芽时产生大量分生孢子,借风雨传播。发病初期病部膨胀分泌出透明、柔软树胶,树胶渐变成晶莹、柔软、褐色的,后变成红褐色或茶褐色胶块。树干布满胶汁,树皮开裂。

◎ 病原菌图:

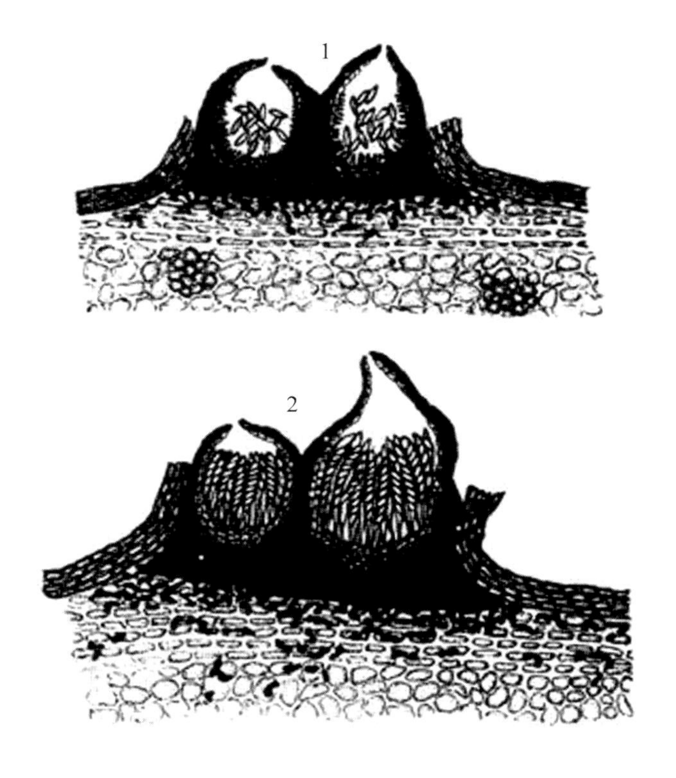

▲葡萄座腔菌

1. 分生孢子器;2. 子囊腔(曲俭绪绘)

◎ 危害图：

▲桃果感病-丁强 摄

▲小枝感病-丁强 摄

▲大枝感病-曾令红 摄

▲主干流胶-李传仁 摄

◎ 防治措施：

(1)营林措施。冬季剪除病枯枝干并集中烧毁，发芽前后刮除主干、大枝病斑后涂药。

(2)化学防治。病株冬季、萌芽之际涂抹石硫合剂2次，春季自开花起，喷丙环唑、多菌灵10天1次，不少于3次，交替用药。

141. 竹丛枝病

Balansia take(Miyake)Hara(*Aciculosporium take* Miyake)

◎ 病原菌：

子囊菌亚门 Ascomycotina 肉座菌目 Hypocreales 麦角菌科 Clavicipitaceae 瘤座菌 *Balansia take* (Miyake)Hara。

◎ 危害综述：

武汉、黄石、十堰、荆州、咸宁、恩施和神农架林区等地有分布。危害多种竹类，病竹的枝条在数年内渐次发病至全株枯死。病菌在病枝内越冬，翌年病枝产生的分生孢子为初侵染源，风雨传播，也可经带病母竹传播。发病初期，只有个别枝条感病，病枝细弱、叶片变小，枝节数增多，延伸较长；病枝侧枝丛生，丛生枝节间缩短，叶退化，呈鳞片状，其顶端叶梢内在 5—7 月有白色米粒状的分生孢子堆，秋后病枝多数枯死。

◎ 病原菌图：

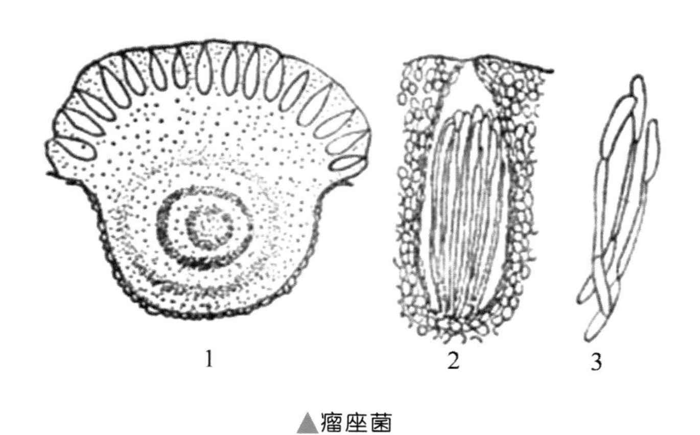

▲瘤座菌

1. 假菌核和子座切面；2. 子囊壳和子囊；3. 分生孢子

◎ 危害图：

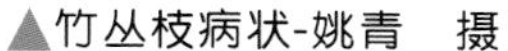

▲竹丛枝病状-姚青　摄

▲雷竹丛枝病状-王建敏　摄

◎ 防治措施：

（1）营林措施。及时砍伐老竹，保持适当密度，培土施肥；发病初期及时剪除病枝并烧毁，发病严重的竹株连同竹鞭全株挖除并烧毁。

（2）化学防治。5—6 月喷洒甲基托布津、多菌灵、三唑酮，半月 1 次，连喷 3 次。

142. 枣疯病

Ca. Phytoplasma ziziphi

◎ 病原物：

硬壁菌门 Firmicutes 植原体类 Fastidious prokaryotes 的枣疯植原体 *Ca*. Phytoplasma ziziphi。

◎ 危害综述：

十堰、宜昌、襄阳、鄂州、荆门、孝感、黄冈、随州和恩施等地有分布。危害枣树，发病数年全株死亡，严重影响产量和品质，是枣树毁灭性病害。以根蘖苗母株、嫁接苗接穗条带病以及叶蝉类昆虫传播。感病初期，上部个别枝条的主、副芽同时萌发形成叶丛生、叶片黄化、边缘上卷、叶尖焦黄、花器退化等病状，新芽可多次萌发成节间短细的弱丛生枝，上生小黄叶片在冬季也不易脱落；病枝不结果，健枝虽然结果，但果实大小不一，果肉组织松软不堪食用。根部感病时主根萌发长出多丛疯根，病根皮层腐烂。

◎ 危害图：

▲

▲

▲受害状-付应林、赵永华　摄

◎ 防治措施：

（1）营林措施。繁育无毒苗木。

（2）化学防治。轻度感染枣疯病的树，枣树萌芽期，干基部环剥主干皮层至木质部，用农用土霉素、四环素、罗红霉素、阿奇霉素涂环后塑料薄膜包扎，或打孔交替注药。

（3）防治虫媒。春季枣树萌芽期，采用菊酯类防治叶蝉。

143. 泡桐丛枝病

Ca. Phytoplasma asteris(16SrI-D)

◎ 病原物:

硬壁菌门 Firmicutes 植原体类 Fastidious prokaryotes 的泡桐丛枝植原体 *Ca*. Phytoplasma asteris (16SrI-D)。

◎ 危害综述:

全省大部均有分布。危害泡桐,主要通过根茎、病苗传播,刺吸式昆虫如烟草盲蝽、茶翅蝽、叶蝉也能传播。病状表现可分为丛枝型、花变枝叶型,前者先是个别枝条上大量萌发腋芽、不定芽、簇生成团,呈扫帚状;后者是花蕾生长为小枝小叶,小枝腋芽继续抽生形成丛枝,有越季开花现象。感病的幼苗、幼树、病枝常于当年枯死,大树感病后引起树势衰退,材积生长量大幅度下降,甚至死亡。

◎ 危害图:

▲受害状-鄢超龙、万召进 摄

◎ 防治措施:

(1)营林措施。加强种苗管理,造林时选抗病能力较强的无病苗木,挑选无病母株的根条育苗。

(2)防治媒介昆虫。用吡虫啉、甲维盐等防治蝽类、蝉类等刺吸害虫。

(3)化学防治。5—7 月将 10 000 单位/mL 盐酸四环素药液注入病苗主干基部髓心内,30～50mL/株,或对病株叶面每天喷 200 单位/mL 的四环素药液,连喷 1 周。